ÉCLAIRAGE.

NOTE

SUR LES PRINCIPES ET LES PROCÉDÉS FONDAMENTAUX DE L'ÉCLAIRAGE,

SUIVIE

DE L'EXPOSÉ D'UN ENSEMBLE D'INVENTIONS

PROPRES A AMÉLIORER BEAUCOUP PRESQUE TOUS LES APPAREILS CONNUS, DEPUIS LE PLUS SIMPLE ET LE PLUS FAIBLE, LA VEILLEUSE, JUSQU'AU PLUS COMPLEXE ET AU PLUS PUISSANT, LE PHARE.

Quand une industrie se rend un compte trop incomplet des théories de la science, elle n'avance qu'avec lenteur. C'est à nos yeux, du moins sous un point de vue fort important, le cas de celle de l'éclairage. Pour qu'à cet égard elle n'ait plus qu'à se jouer de la plupart des difficultés qu'elle rencontre, il lui suffit de mieux étudier, de mieux appliquer ces théories.

PAR

BERTHAULT-DUCREUX,

Ingénieur en chef des Ponts et Chaussées en retraite, Officier de la Légion-d'Honneur.

PARIS,

CARILIAN-GOEURY et Vor DALMONT, Libraires des Corps impériaux des Ponts et Chaussées et des Mines, quai des Augustins, Nos 39 et 41.

OCTOBRE 1854.

NOTE

SUR LES PRINCIPES ET LES PROCÉDÉS FONDAMENTAUX

DE L'ÉCLAIRAGE.

CHALON S. S., IMPRIMERIE DE J. DEJUSSIEU.

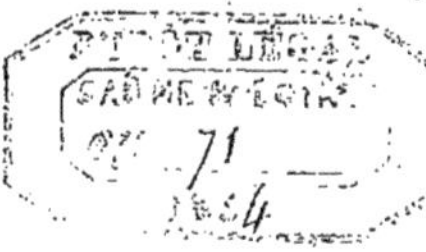

ÉCLAIRAGE.

NOTE

SUR LES PRINCIPES ET LES PROCÉDÉS FONDAMENTAUX DE L'ÉCLAIRAGE,

SUIVIE

DE L'EXPOSÉ D'UN ENSEMBLE D'INVENTIONS

PROPRES A AMÉLIORER BEAUCOUP PRESQUE TOUS LES APPAREILS CONNUS, DEPUIS LE PLUS SIMPLE ET LE PLUS FAIBLE, LA VEILLEUSE, JUSQU'AU PLUS COMPLEXE ET AU PLUS PUISSANT, LE PHARE.

> Quand une industrie se rend un compte trop incomplet des théories de la science, elle n'avance qu'avec lenteur. C'est à nos yeux, du moins sous un point de vue fort important, le cas de celle de l'éclairage. Pour qu'à cet égard elle n'ait plus qu'à se jouer de la plupart des difficultés qu'elle rencontre, il lui suffit de mieux étudier, de mieux appliquer ces théories.

PAR

BERTHAULT-DUCREUX,

Ingénieur en chef des Ponts et Chaussées en retraite, Officier de la Légion-d'Honneur.

PARIS,

CARILLIAN-GŒURY et Vve DALMONT, Libraires des Corps impériaux des Ponts et Chaussées et des Mines, quai des Augustins, N°s 39 et 41.

OCTOBRE 1854.

NOTE

SUR LES PRINCIPES ET LES PROCÉDÉS FONDAMENTAUX DE L'ÉCLAIRAGE ; SUIVIE DE L'EXPOSÉ D'UN ENSEMBLE D'INVENTIONS PROPRES A AMÉLIORER BEAUCOUP PRESQUE TOUS LES APPAREILS CONNUS, DEPUIS LE PLUS SIMPLE ET LE PLUS FAIBLE, LA VEILLEUSE, JUSQU'AU PLUS COMPLEXE ET AU PLUS PUISSANT, LE PHARE (1).

Quand une industrie se rend un compte trop incomplet des théories de la science, elle n'avance qu'avec lenteur. C'est à nos yeux, du moins sous un point de vue fort important, le cas de celle de l'éclairage. Pour qu'à cet égard elle n'ait plus qu'à se jouer de la plus part des difficultés qu'elle rencontre, il lui suffit de mieux étudier, de mieux appliquer ces théories.

PRÉLIMINAIRE.

§ 1. — L'épigrapheque l'on vient de lire est l'histoire en deux mots de longs et nombreux essais auxquels nous nous sommes livré sur l'éclairage et des résultats on ne peut plus satisfaisants auxquels, à travers bien des vicissitudes, ils ont fini par nous conduire. Plus d'une fois, ne pouvant parvenir à expliquer les phénomènes qui s'offraient à nous, il nous est arrivé d'accuser la théorie, de nous complaire à la croire en défaut, et de

(1) L'application des inventions dont il s'agit n'est pas seulement en projet. Elle a été réalisée par nous depuis plus de huit mois, et avec un succès complet. La théorie, du reste, en est si évidente, que ce résultat s'explique tout naturellement.

chercher, pour en avoir le mérite, à la changer. Mais vaines étaient ces tentatives. Il est vrai que, comme ce qui dominait toujours en nous, ainsi qu'il en a été constamment dans toutes les recherches de notre vie, c'était le besoin de découvrir la vérité, nous ne nous sommes jamais laissé maîtriser que par les faits; et que maintes fois, au lieu d'être contrarié de les voir renverser nos espérances, nous nous en sommes réjoui. C'est ce qui a eu lieu toutes les fois qu'il nous ont enseigné quelque chose de nouveau. Bien des chercheurs s'irritent de voir la pratique ne pas répondre à leurs idées préconçues, et s'y obstinent. C'est rarement le moyen de réussir. Tout fait nouveau, et surtout celui qui les met à néant, doit être accueilli avec joie, parfois avec bonheur. Les filons les plus riches du domaine de l'invention nous semblent être ces faits. Ils forment comme les brins du fil d'Ariane.

Toutefois, parmi les idées préconçues, il en est une à laquelle, suivant nous, on ne saurait s'attacher trop. C'est que, dans les expérimentations, il importe de ne jamais s'arrêter avant d'être parvenu aux fondements mêmes de la portion du sujet que l'on explore, fondements relatifs, bien entendu ; car jamais sur un point, quelque rétréci qu'il soit, d'une science, si avancée qu'on la suppose, on n'en aura atteint la limite. Arriver à pouvoir, d'une part, se rendre compte de tous les faits connus sur ce point à l'époque où l'on se trouve ; d'autre part, agir presque à coup sûr dans les essais auxquels on se livre, nous paraît être le critérium que l'on a obtenu, ce qu'il y avait de mieux pour le moment. Cette idée, qui déjà nous a beaucoup servi dans nos longues investigations sur les questions d'entretien de routes et de roulage, ne nous a pas abandonné un instant dans celles dont nous ferons connaître plus loin les résultats, et dont nous allons dans l'instant donner comme un sommaire.

Trouver un petit nombre *de principes, règles et préceptes*, au moyen desquels on puisse, à peu de frais, améliorer beaucoup presque tous les appareils d'éclairage connus, tel est le problème que nous croyons avoir résolu. Et nous nous figurons qu'une telle solution est bien préférable à une grande découverte qui les aurait rendus tous inutiles.

Dans les sujets même les plus ordinaires, il y a, comme dans les plus importants, deux méthodes pour obtenir des améliorations capitales : l'une, révolutionnaire, qui y bouleverse tout et ne les produit qu'après avoir fait beaucoup de mal; l'autre, pacifique, douce et calme, qui, elle aussi, y touche à tout, mais avec une mansuétude qui ne cause aucune ou presque aucune souffrance. Tout progrès dérive de l'une ou de l'autre. Celle-ci n'a pas l'éclat de celle-là, ses procédés sont plus difficiles à découvrir, mais de combien ne nous semble-t-elle pas lui être supérieure !

Quoique notre intention, en publiant cet écrit, soit particulièrement de faire connaître les inventions dont il s'agit, nous avons pensé qu'il serait utile de commencer par mettre en lumière l'état tant passé que présent de la théorie et de la pratique de l'industrie dont elles ressortent.

Avant d'entrer en matière, offrons-en une notion en citant un passage d'une description que nous avons rédigée, pour en faire le sujet d'une demande de patente en Angleterre. Dans ce royaume, toutes les fois qu'il a été question de la législation des patentes, le gouvernement a été constamment dominé, et cela depuis plusieurs siècles, par cette pensée fondamentale, que *c'est l'utilité générale de la nation* qui en doit être le pivot (voir à ce sujet le petit manuel de M. de Fontaine Moreau); cette observation était nécessaire pour faire comprendre notre langage dans les lignes que l'on va lire. En France, où jusqu'à ce jour le gouvernement ne s'est pas ému, bien moins encore épris pour si peu, il n'a pu nous venir à l'esprit, dans la description que nous avons faite pour le même objet, d'employer des termes semblables. Voici ce passage :

« L'invention a pour but des *utilités* de plusieurs genres et » de degrés divers, selon les appareils en très-grand nombre » auxquels elle peut s'appliquer. Tantôt pour une même » quantité de combustible, c'est une lumière plus belle, plus » douce, plus agréable à l'œil, de forme plus gracieuse, plus » immobile, et par conséquent moins fatigante; tantôt c'est » un éclat éblouissant uni à une fixité presque absolue de la » flamme, qui peut dans une foule de cas rendre les plus » grands services; tantôt c'est la commodité, la propreté, la » diminution de poids, celle du volume, toutes *utilités* qui » produisent en dernière analyse une économie parfois très- » grande et presque toujours plus ou moins notable.

» Des *utilités* qui conviennent à l'immense majorité des » appareils connus, et dont plusieurs d'ailleurs sont considé- » rables, méritent évidemment encore plus d'intérêt que d'autres » *utilités*, qui toutes seraient énormes, mais s'adresseraient » à bien moins de monde.

» Son principe le plus général, c'est que, quel que soit l'état » physique, *solide*, *liquide* ou *gazeux* du combustible em- » ployé, les *qualités* de la lumière obtenue dépendent à un » haut degré de la manière d'y administrer l'air, et générale- » ment aussi d'agir sur l'expulsion des produits de la com- » bustion; c'est que la direction de cet air, sa quantité, son » degré de vitesse, son tamisage, sa distribution, exercent » sur elles, suivant les appareils et selon la façon dont on » opère, une influence parfois immense et jamais nulle. Et ce » qui est encore une *utilité* peu à dédaigner, c'est que, malgré » la multiplicité de ces applications, un petit nombre de » moyens que voici, aidés des explications et des exemples qui

» suivront, peut suffire pour permettre aux hommes du métier » d'adapter l'invention à chacune (1). »

Cet opuscule sera divisé en deux chapitres. Le premier sera consacré à un aperçu assez étendu des phases par lesquelles a passé l'éclairage depuis sa sortie de l'enfance, il y a 70 ans, jusqu'à ce jour, et à des notions sur les principes et les procédés fondamentaux adoptés ; le second, à la description des améliorations que sa publication a surtout pour objet. Celui-là contiendra des détails assez nombreux pour faire comprendre assez bien l'état actuel des faits et des idées sur cette matière. Il en résultera que celui-ci pourra être sensiblement abrégé.

Comme c'est surtout sur des modifications aux principes fondamentaux que ces améliorations reposent, il suffira, pour embrasser tout le sujet, d'abord, que ces modifications soient rendues parfaitement claires ; ensuite, que les applications embrassent les cas les plus compliqués et les plus difficiles.

CHAPITRE Ier.

APERÇU SUR LES PHASES PAR LESQUELLES A PASSÉ L'ÉCLAIRAGE DEPUIS 70 ANS. — NOTIONS SUR LES PRINCIPES ET LES PROCÉDÉS FONDAMENTAUX ADOPTÉS.

§ 2. — Les documents qui vont faire le sujet principal de ce chapitre seront tous puisés aux sources les plus respectables :

(1) Puisse l'homme de génie aussi modeste que puissant qui préside aux destinées de la France, et qui déjà lui a procuré, en si peu de temps même que cela tient du prodige, d'immenses *utilités*, juger à propos de ne pas lui faire attendre sur cette matière celle d'une législation conforme au principe si vrai et si fécond posé dans ses écrits ! Ce serait certainement encore un beau titre à la reconnaissance de la nation, et, plus tard, à l'admiration du monde.

au Traité d'Éclairage de M. Péclet; à celui de M. Pelouze; au Dictionnaire des Arts et Manufactures qui a paru il y a peu d'années chez Mathias; à la nouvelle édition de l'Encyclopédie moderne; aux Bulletins de la Société d'encouragement, société qui a rendu et rend encore journellement de si grands services à l'industrie; au Manuel de l'Éclairage au Gaz (encyclopédie Roret); enfin, au Journal de l'Éclairage au Gaz. Ces ouvrages ne sont pas les seuls que nous ayons étudiés sur cette matière, mais ils nous paraissent les plus importants et ceux que l'on peut le moins se dispenser de consulter quand on veut la connaître. Du reste, le but que nous nous sommes proposé n'est pas seulement d'en rassembler les principes et les procédés fondamentaux, il est encore et surtout de faire apprécier en quoi consistent les différences qu'ils offrent avec ceux qui nous sont propres et que nous avons fait breveter.

Pour plus d'ordre et de clarté, ce chapitre sera partagé en quatre sections, sous les titres suivants : 1° Énoncé textuel des opinions émises sur l'éclairage par les écrivains, savants ou industriels qui s'en sont le plus occupés; 2° Usages, coutumes, besoins, desiderata des diverses classes de la société en fait d'éclairage; défauts et qualités des appareils qui y sont affectés; 3° Principes et procédés qui découlent des deux sections précédentes; 4° Principes et procédés dont l'application doit faire l'objet du chapitre II; différences qui existent entre eux et ceux adoptés.

1re SECTION.

Énoncé textuel des opinions émises sur l'éclairage par les écrivains, savants ou industriels qui s'en sont le plus occupés.

Lorsqu'il y a 70 ans, Ami Argand inventa les becs à double courant d'air, l'éclairage était encore dans l'enfance. « On avait,

» dit M. Péclet (Traité de l'Éclairage, page 86), un peu remédié » à l'inconvénient de la fumée en employant des mèches plates, » placées dans des becs minces; ces lampes fumaient moins, » mais elles fumaient encore, surtout par les courants d'air, » et la teinte de la flamme était toujours la même.

» En 1784, Ami Argaud imagina une nouvelle forme de » mèche et une nouvelle disposition de l'appareil de combus- » tion, qui fit une grande révolution dans le système de l'éclai- » rage par les huiles. Le bec d'Argaut n'a éprouvé, depuis sa » découverte, que de légères modifications...... »

Page 88 : « Peu de temps après la découverte d'Argaud, » Lange fit aux cheminées un perfectionnement important : il » les rétrécit un peu au-dessus de la mèche. Par cette dispo- » sition, l'air est rejeté sur la flamme, la combustion est plus » parfaite et donne plus de lumière; le coude de la cheminée » agit probablement encore en réfléchissant de la chaleur sur » la mèche. »

Page 94 : « Les becs plats, nus et montés sur des réservoirs » à pompe ou appliqués à des réservoirs à niveaux variables ou » constants, sont très-mauvais; ils brûlent l'huile d'une manière » peu productive. On les dispose maintenant comme les verres » d'Argaud; ils ont comme eux une cheminée en verre garnie » d'un coude et une crémaillère pour monter la mèche. Cette » disposition est bien préférable aux précédentes; cependant, » comme nous le verrons plus tard, ces becs sont bien infé- » rieurs aux becs à double courant d'air; ils sont cependant » souvent employés, lorsqu'on ne veut avoir qu'une petite » quantité de lumière. »

Pages 101 et 102 : « ..... Par conséquent, il est toujours » avantageux de monter le niveau du réservoir aussi haut que » possible; et même le cas le plus favorable serait celui où » l'huile dégorgerait continuellement par le bec. C'est ce qui a

» lieu dans la lampe à mouvement d'horloger, et c'est la seule » cause de sa supériorité sur les autres ; mais pour remplir » cette condition dans les lampes ordinaires, il faudrait des » réservoirs trop grands, et pour servir à l'alimentation et pour » recevoir l'huile extravasée. »

Pages 181 et 182 : « Mais M. Payen a reconnu à ces appareils » (il s'agit du fumivore Bourguignon) une autre propriété bien » plus importante que celle de condenser la vapeur d'eau, et » que n'avait pas soupçonnée son inventeur, c'est celle d'aug- » menter la quantité de lumière fournie par la combustion de la » même quantité de gaz. Cet effet est dû à ce que, dans les becs » de gaz, la quantité d'air qui alimente la flamme est beaucoup » trop considérable, et qu'une grande partie de l'air inutile à » la combustion refroidit la flamme et diminue la quantité de » lumière. L'appareil de M. Bourguignon, diminuant la vitesse » du tirage, la quantité d'air en excès qui arrive sur la flamme » est très-petite, et par conséquent on obtient à très-peu près » le maximum de lumière qui peut être fourni par le volume » de gaz consommé. Il résulte de la moyenne de plusieurs » expériences que l'augmentation de lumière produite par le » fumivore est dans le rapport de 176 à 100.........

» M Payen a reconnu, en appliquant le fumivore de » M. Bourguignon à une lampe d'Argaut, que la flamme s'al- » longeait beaucoup, et que la combustion cessait d'être com- » plète. Il fallait alors, pour brûler la fumée, baisser beaucoup » la mèche. M. Payen reconnut qu'alors la présence du fumivore » augmentait seulement la lumière d'un dixième. L'effet du » fumivore sur la lampe à huile provient de ce que l'air en » excès qui passe sur le bec est en général beaucoup plus petit » que dans les becs de gaz, et que le ralentissement du » tirage produit par le fumivore est trop grand. Il faudrait » alors, pour que le fumivore y fût applicable d'une manière

» utile, que le tuyau de descente fût beaucoup plus court et
» d'un plus grand diamètre; mais la méthode la plus simple
» pour obtenir le maximum de lumière dans ces appareils,
» comme dans les becs de gaz, ce serait de diminuer les ouver-
» tures qui donnent accès aux deux courants d'air....... »

Page 237 : « Le diamètre de la cheminée, au-dessus du
» coude, est en général beaucoup plus grand qu'il ne devrait
» être ; car, en les rétrécissant, on obtient beaucoup plus de
» blancheur dans la flamme et un plus grand effet utile de
» l'huile. Mais les cheminées étroites s'échauffent beaucoup
» et cassent souvent. Cet inconvénient y a fait renoncer. »

Pages 240 et 241 : « En résumé, il faut, pour obtenir le
» plus grand effet lumineux : 1° que les courants extérieurs et
» intérieurs soient proportionnés ; 2° qu'ils aient une vitesse
» seulement suffisante pour amener sur la flamme la quantité
» d'air nécessaire à la combustion ; son excès diminue la
» lumière. La quantité d'air qui afflue sur la flamme peut être
» augmentée en élevant la cheminée ; elle peut être diminuée en
» élevant la mèche, en diminuant la hauteur de la cheminée,
» en rétrécissant son ouverture supérieure ou les orifices inté-
» rieurs qui donnent accès aux deux courants d'air, ou enfin
» en employant le fumivore de M. Bourguignon. »

Page 248 : « M. Payen a trouvé que les grandes flammes
» donnent plus de lumière que les petites, et, par conséquent,
» que dans les petites flammes l'éclat ne compense pas le
» volume ; d'où il suit qu'il est toujours avantageux de donner
» aux flammes le plus de développement possible. M. Payen a
» aussi vérifié que la même étendue de deux flammes provenant
» de la combustion de la même quantité de matière combus-
» tible avait une intensité d'autant plus grande, que la flamme
» était plus petite, et par conséquent que le tirage était plus
» grand. »

Page 257 : « Ces lampes (celles à mèche plate), qui sont » employées dans la classe peu aisée de la société, donnent » une lumière très-chère ; elles ne paraissent susceptibles que » d'un seul perfectionnement qui consisterait à donner aux che- » minées une forme ovale et à diminuer leur diamètre. Mais je » doute que l'on parvienne facilement à vaincre les difficultés » que présente leur fabrication. »

Pages 269 et 270 : « En résumant ce qui précède, d'abord » sous le rapport du perfectionnement dont les différentes » lampes connues sont susceptibles, il en résulte :

» 1° Que toutes les lampes, sans même excepter celles qui » sont à mouvement d'horlogerie, peuvent gagner beaucoup » sous le rapport de la quantité de lumière produite par la » même consommation d'huile, par le rétrécissement du cou- » rant extérieur et aussi du courant intérieur dans les becs » d'un grand calibre. Il serait dangereux cependant de ne donner » à ces courants que les dimensions nécessaires pour que la » combustion fût complète, car la plus faible agitation de l'air » les ferait fumer.......

...» 3° Que, dans toutes les lampes où l'huile n'arrive pas en » excès à l'extrémité du bec et ne déverse pas, c'est-à-dire dans » toutes, excepté celles à mouvement d'horlogerie, les bords » du bec doivent être très-voisins de la mèche, afin de refroidir » l'huile qui n'est pas en combustion, et de conserver au- » dessus du bec une partie de la mèche parfaitement blanche. »

Page 321 : « ..... Il (cet appareil) est composé d'une » petite capsule en cuivre argenté, percée à son centre d'une » ouverture dans laquelle est mastiqué un tube de verre mince » et capillaire, et dont l'extrémité supérieure est un peu au- » dessous du niveau de l'huile extérieure, quand la capsule » flotte sur un bain d'huile. On voit, d'après cela, que l'huile » doit rester au même niveau dans le tube, et qu'une fois que

» la combustion aura commencé, elle devra se maintenir cons-
» tamment; c'est en effet ce qui arrive. Ces veilleuses ont le
» grand avantage de donner une flamme sensiblement cons-
» tante et qui n'est pas susceptible de s'éteindre comme l'est
» celle des veilleuses ordinaires (1). »

§ 3. — Le remarquable ouvrage dont ces passages sont extraits a paru en 1827; douze ans après (en 1839), fut publié le Traité de l'Éclairage au Gaz, de M. Pelouze, auquel, à notre grand regret, nous ne ferons presque que l'emprunt suivant :

Pages 467 et 468 : « La Société d'encouragement avait
» offert un prix de deux mille francs pour les moyens les plus
» efficaces d'augmenter le pouvoir illuminant des flammes
» produites par la combustion des gaz d'éclairage. Ce prix a été
» adjugé en 1836 à M. Chaussenot. Et cependant, malgré l'im-
» mense avantage signalé en faveur de son appareil par les
» rapporteurs du concours, jusqu'ici la découverte qu'ils ont
» fait couronner n'a donné, que nous sachions, aucun résultat
» pratique, quoique l'exécution de l'appareil soit facile et pré-
» sente beaucoup de simplicité. Faut-il attribuer cette stérilité
» à l'apathie du public qui repousse si souvent, pendant un
» temps plus ou moins long, les découvertes les plus utiles, ou
» bien y aurait-il eu quelque méprise ou du moins quelque

(1) Je me suis servi pendant quelque temps, il y a une vingtaine d'années, de cet élégant petit meuble. Mais, comme je le trouvais difficile ou plutôt long à allumer, ce qui me semblait dû au trop de conductibilité du tube de verre, je remplaçai celui-ci par de petits tuyaux d'argile cuite, puis d'argile mêlée de noir de fumée. Mais je ne tardai pas à y renoncer, soit parce qu'ils s'encrassaient promptement, soit parce que la grande chaleur communiquée au tube faisait fondre la gomme laque qui le soudait à la capsule, soit parce qu'une partie de l'huile s'échappait en vapeur; en deux mots, parce qu'il était loin de posséder les avantages que je lui avais crus. Ces essais me portent à douter que les mèches incombustibles l'emportent sur celles ordinaires.

» exagération dans le rapport si favorable qui a été fait à la
» Société d'encouragement? C'est ce que nous ne sommes pas
» à même de décider.

» Le programme de la Société, au surplus, rappelait
» dans son ensemble des principes assez certains et que nous
» croyons devoir reproduire ici.

» Partant de cette donnée constatée par M. Davy, que les
» particules solides en suspension dans la flamme sont les
» principales causes de la production de la lumière; mais de
» plus :

» 1° Que la quantité de lumière est proportionnée à la tem-
» pérature plus ou moins élevée de ces particules charbonneuses
» et au nombre d'entre elles existant à la fois à l'état d'incan-
» descence depuis le moment de leur précipitation jusqu'à leur
» transformation en un gaz invisible;

» 2° Que les courants d'air rapides, qui rendent les flammes
» plus brillantes, plus blanches et moins volumineuses, dimi-
» nuent la quantité totale de la lumière émise par un bec;

» 3° Que les courants, quand ils sont trop faibles, en donnant
» à la flamme moins d'éclat, une coloration plus rouge, un
» volume plus grand, à cause d'une combustion moins rapide,
» faisaient diminuer l'intensité lumineuse d'une égale section
» de la flamme, tout en accroissant en somme la quantité de
» lumière produite;

» 4° Enfin, que le maximum d'intensité lumineuse totale
» avait lieu au moment où des particules solides charbonneuses
» étaient tout près d'échapper à la combustion, tant la pro-
» portion d'air ambiant s'approchait de la limite strictement
» utile. On conçoit d'ailleurs la nécessité où l'on est toujours de
» s'écarter d'une telle limite, dans la crainte de la dépasser et
» d'occasionner une déperdition de gaz et une production de
» fumée.

» Mais était-il impossible, se demandait la Société, de » réunir les deux conditions d'une température plus élevée » dans les particules charbonneuses et d'un assez grand volume » de la flamme?

» Les ingénieuses dispositions imaginées par M. Chaussenot, » déclarent les rapporteurs, ont produit ce résultat remarquable : » quelques mots suffiront pour le prouver. L'appareil de » M. Chaussenot se compose d'une double enveloppe de verre, » disposée de telle sorte que l'air extérieur s'échauffe beaucoup » avant d'arriver à la flamme dont il doit entretenir la com- » bustion. Cette circonstance permet à la fois de mieux utiliser » l'oxigène de l'air, d'employer moins d'excès de ce dernier » pour obtenir la précipitation du carbone et sa combustion ; » enfin, par cette raison même et par l'élévation de la tempé- » rature de l'air, de moins refroidir le gaz qui brûle, et par » conséquent de lui conserver davantage de pouvoir illu- » minant.

» On aperçoit que cet appareil, pour le principe sur lequel il » repose, et même par le mode d'exécution, rentre à beaucoup » d'égards dans les conditions de construction du bec Dixon » qui a été exposé plus haut.

» Les commissaires de la Société d'encouragement annoncent » qu'avec l'appareil de M. Chaussenot, ils ont varié et répété » les expériences, et toujours avec un égal succès : enfin, ils » concluent, ce qui semble un résultat bien élevé, que l'aug- » mentation totale de lumière, des quantités égales de gaz étant » brûlées, est sensiblement de 0,33, si on la compare à celle » produite dans les becs ordinaires. Les commissaires font » d'ailleurs remarquer que le moindre afflux d'air dans le bec » Chaussenot doit nécessairement donner une plus grande » stabilité à la flamme, l'empêcher d'être vacillante, la rendre » moins fatigante pour les yeux, moins influencée par les cou-

» rants inconstants de l'air extérieur; ils affirment que ce » dernier fait a été dûment constaté; en exposant sous la » galerie des Proues, au Palais-Royal, où il règne constamment » des courants très-forts et très-variables, l'un des becs en » expérience, on a obtenu le résultat le plus décisif et le plus » satisfaisant. »

§ 4. — Ce passage a, à mes yeux, une grande importance, d'abord, parce qu'il relate en termes clairs et précis les vues théoriques, les principes adoptés alors et aujourd'hui encore par la science; ensuite, parce qu'il met en relief un fait très-remarquable, celui du rejet par le public d'un appareil fortement préconisé par les savants les plus compétents; enfin, parce qu'il va nous fournir l'occasion de faire voir que ce n'est ni à ceux-ci, ni à leurs principes qu'il faut attribuer ce rejet, mais à des causes qui, toutes les fois qu'elles se renouvelleront, produiront très-probablement les mêmes effets.

En premier lieu, il nous semble difficile de contester que le principe et le procédé couronnés ne jouissaient pas d'une simplicité telle qu'ils pussent vaincre en un très.petit nombre d'années la répugnance que l'on éprouve toujours à changer ses habitudes; je ne sais même si le titre de simplicité leur est bien applicable. En second lieu, et c'est là surtout, selon nous, la raison principale de l'insuccès dont il s'agit, ce n'est qu'environ deux ans plus tard qu'apparut une lampe qui a eu et a encore à bon droit une vogue bien rare; je veux parler de celle dite *Modérateur*, accueillie dès son début de la manière la plus flatteuse par la Société d'encouragement; elle a pleinement justifié les prévisions de son rapporteur, prévisions que nous rappellerons dans l'instant, surtout parce qu'elles nous mettront dans le cas de jeter un nouveau jour sur les principes, ou plutôt d'y ajouter quelque chose.

Voici comment, dans son rapport approuvé par la Société,

le 11 avril 1838, M. Francœur s'exprimait au sujet de cette invention due à M. Franchot :

« Messieurs, la fabrication des lampes mécaniques s'améliore » chaque jour, et les efforts des inventeurs sont dirigés vers » la simplification de ces appareils, afin de pouvoir en abaisser » sans cesse le prix; toutes ces lampes, quel qu'en soit le méca- » nisme, réussissant à faire monter l'huile à la mèche avec » une telle abondance qu'une partie seulement peut être con- » sommée par la combustion, éclairent avec la même intensité » de lumière et brûlent la même quantité d'huile, une once » trois gros ou 42 grammes par heure, avec un bec ordinaire.

» La préférence à accorder à un de ces appareils sur les » autres résultera donc de la comparaison du prix, de la » facilité du nettoyage et du montage, des causes qui peuvent » nécessiter des réparations et de la condition que tout ouvrier » adroit puisse les réparer; car on conçoit qu'une lampe qui » ne peut être nettoyée ou remise en état qu'à Paris, par celui » qui l'a fabriquée, ne convient guère en province.

» Considérée sous tous ces rapports, la lampe inventée par » M. Franchot a paru à votre comité des arts mécaniques devoir » être assimilée aux lampes les plus utiles. Son prix n'est que » de trente francs et devra sans doute être encore abaissé dans » peu de temps. Vous jugerez, Messieurs, des avantages qu'elle » présente par la description du mécanisme très-simple qui y » fonctionne. Cette lampe a une construction si simple, qu'on » ne prévoit aucune cause de dérangement, et que, lors- » qu'après un très-long temps une réparation devient nécessaire, » soit au cuir, soit au piston, il est extrêmement facile de la » faire, etc.......

» Cette lampe est assurément une des plus simples, des plus » commodes, des plus légères qu'on ait imaginées; nous l'avons » vue fontionner tous les soirs depuis quinze jours, et *nous*

» *pensons qu'elle est réservée à devenir d'un usage général*,
» surtout lorsque le prix déjà modique aura encore été abaissé... etc..... »

Sans doute la supériorité de cette lampe n'empêchait pas qu'on lui fît l'application des idées de M. Chaussenot ; mais elle constituait déjà une si grande amélioration dans cette partie de l'industrie de l'éclairage, que l'on conçoit qu'elle ait pu contribuer à détourner l'attention de ces idées. Toutefois, comme l'avenir ne leur a pas été plus favorable, non-seulement dans cette partie, mais encore dans celle de l'éclairage au gaz, nous penchons à croire que c'est surtout à leur insuffisance de simplicité qu'il faut s'en prendre.

Un des rédacteurs du Journal de l'éclairage au gaz, M. Magnier, a diminué cette insuffisance. Mais est-ce à un degré assez avancé? nous croyons qu'il est permis d'en douter. L'habile directeur du Musée Belge, M. Jobard, l'a postérieurement tenté aussi de son côté.

Les auteurs du Guide du Chauffeur, MM. Grouvelle et Jaunez, font, au sujet de la grande importance de la simplicité dans les procédés industriels, une réflexion qu'il ne sera pas hors de propos de rappeler et qui vient bien à l'appui du rapport qui précède.

Voici ce que disent ces habiles praticiens, page 114 de la 3me édition de leur Guide :

« En un mot, la première condition du succès de tout pro-
» cédé et de tout outil destiné aux arts, et par conséquent mis
» dans les mains des ouvriers (1), c'est une grande simplicité
» et un emploi courant et régulier ; et, quand il donnerait

(1) Aux ouvriers il faut ajouter les domestiques, les artisans de toute sorte, presque tout ce qui constitue la classe peu aisée de la société, c'est-à-dire l'immense majorité ; enfin, les personnes peu instruites, bien que plus ou moins riches.

» d'importants résultats dans des mains habiles, s'il est va-
» riable et délicat à conduire, ce n'est pas un procédé manu-
» facturier. »

D'ailleurs il ne suffit pas à beaucoup près, comme le croient trop de personnes, qu'une invention soit économique pour être adoptée. L'exemple auquel nous venons de nous arrêter en est la preuve. Nous pouvons en emprunter encore un au sujet. On lit dans l'ouvrage cité de M. Pelouze, page 469 :

« M. Payen, qui avait reçu de la Société d'encouragement
» mission pour faire des expériences sur l'emploi de ce fumi-
» vore (celui de M. Bourguignon), croit avoir constaté qu'il
» procure, pour des quantités données de gaz brûlé, une aug-
» mentation de lumière qu'il évalue dans le rapport de 176 à
» 100, par comparaison avec le service d'un bec brûlant à dé-
» couvert. »

Or, malgré cet avantage considérable, auquel était joint, comme on l'a vu plus haut, celui d'empêcher la fumée, et celui non moins essentiel de condenser une partie de la grande quantité de vapeurs aqueuses que produit la combustion du gaz, ce fumivore est, si nous ne faisons erreur, très-peu employé.

§ 5. — Reprenons nos citations :

Dans un rapport approuvé par la Société d'encouragement, le 5 juillet 1837, M. Péclet s'exprimait ainsi :

« Dans les lampes à mouvement d'horlogerie, où l'huile est
» constamment injectée dans le bec, on obtient un effet utile
» bien plus grand que dans les autres lampes, et, en outre,
» une intensité de lumière permanente ; ces deux effets pro-
» viennent de ce que, dans les lampes à mouvement d'horlo-
» gerie, la combustion a lieu à une distance de plusieurs lignes
» du sommet du bec. Depuis un grand nombre d'années, on
» a cherché à réaliser cette combustion à distance du bec dans
» les lampes à réservoir latéral, mais on n'était point parvenu

» à l'obtenir d'une manière régulière et assurée. Récemment, » deux habiles fabricants, M. Wiesenegg et MM. Chabrier et » compagnie ont résolu complètement le problème, et, depuis, » livrent au commerce des lampes à réservoir latéral qui brû- » lent comme des lampes de Carcel. Dans les lampes de » M. Wiesenegg, le résultat obtenu provient d'une forme par- » ticulière du cylindre intérieur du bec et d'un rapport conve- » nable entre les courants d'air intérieur et extérieur; dans » celles de MM. Chabrier et compagnie, l'effet produit résulte » uniquement des proportions du bec et de la cheminée.

» Par ces motifs, votre conseil d'administration vous pro- » pose... etc.. .. »

§ 6. — Le Dictionnaire des Arts et Manufactures, dont le premier volume a paru en 1845, s'exprime comme il suit, à l'article éclairage :

Page 1243. — « Une lampe n'étant autre chose qu'un appa- » reil dans lequel s'exerce une combustion extrêmement active, » les conditions auxquelles l'appareil est assujetti sont celles » de tout foyer.

» Une cheminée, qu'il est bon de faire la plus élevée pos- » sible (il faut qu'elle soit en verre, pour ne pas intercepter la » lumière), portant un étranglement ou coude pour mélanger » les gaz et rendre la combustion aussi complète que possible; » des entrées d'air disposées pour faciliter le plus possible le » contact de la flamme et de l'air, en proportion convenable » pour que la combustion soit complète, sans mélanger de trop » fortes proportions d'air qui refroidissent la flamme : telles » sont les bases fondamentales de toute lampe.

» Un appareil de combustion qui a été longtemps répandu » et qui l'est encore, bien que reconnu mauvais, est la mèche » plate; elle est formée de fils de coton parallèles, et simplement » plongée dans un réservoir renfermant l'huile qui est aspirée

» par la capillarité de la mèche : dans cet appareil, la com-
» bustion est incomplète ; il en résulte que la lumière offre une
» teinte peu brillante et toujours rougeâtre. Tel était, il y a
» soixante ans, l'appareil de combustion le plus estimé, quand
» Argaud fit la découverte de son bec à double courant d'air. »

Page 1247 : « Une condition essentielle à remplir est de
» faire en sorte que l'huile arrive assez haut dans la mèche,
» très-peu au-dessous du bord ; on peut alors faire sortir
» celle-ci de 6 à 10 millimètres, de telle sorte que la grande
» quantité d'huile élevée par la pression de l'huile et la capilla-
» rité empêche celle-ci de se carboniser au-delà de 2 à 4 milli-
» mètres. Au-dessous de l'anneau charbonné il restera une
» partie blanche préservée par l'affluence de l'huile. On évite
» aussi la distillation et décomposition de l'huile, qui se produit
» par l'échauffement des parties métalliques quand la com-
» bustion a lieu au contact de celle-ci. La lumière est ainsi
» beaucoup plus vive ; en évitant une perte, on brûle à blanc et
» on obtient une économie considérable d'huile qui ne brûle
» pas ou brûle mal, en donnant peu de lumière. »

§ 7. — L'Encyclopédie moderne s'exprime ainsi dans son tome XIX qui a paru en 1849, et dans son XXIIe qui a paru en 1850.

Tome XIX, pages 66 et 67 : « .... Ces lampes (celles
» d'Argaud) ont éprouvé jusqu'à nos jours des changements de
» forme dans les principales parties qui les constituent, mais
» aucun pour le principe sur lequel elles sont fondées. Encore,
» la seule amélioration vraiment importante qu'on y ait apportée
» a-t-elle été de rétrécir la cheminée immédiatement au-dessus
» de la mèche, afin que l'air, rejeté sur la flamme, opère une
» combustion encore plus complète. »

Page 74 : « ..... Ces lampes (celles dites Modérateur) ont
» besoin d'être remontées toutes les quatre ou cinq heures. »

Tome XXIIe, page 510 : « L'intensité de la lumière fournie » par une chandelle étant 100 quand elle est bien mouchée, » elle descend à 59 au bout de onze minutes ; elle n'est plus » que de 16 au bout d'une demi-heure; mais elle remonte à » 100 lorsqu'on la mouche de nouveau. Les variations d'inten- » sité d'une bougie sont comprises entre 100 et 60. Une lampe » d'Argaud ordinaire (à mèche cylindrique et à double courant » d'air) donne, quand elle brûle avec tout son éclat, autant » de lumière que neuf chandelles bien mouchées. Une lampe à » mèche plate, dans les circonstances les plus favorables, » c'est-à-dire quand elle présente une flamme large, claire et » sans fumée, dépense six parties d'huile ; tandis qu'une lampe » à bec d'Argaut, donnant la même quantité de lumière, n'en » consomme que cinq. Dans les lampes à mèche plate, la che- » minée de verre n'a d'autre but que de rendre la lampe plus » tranquille; dans celle à bec d'Argaud, elle active le double » courant d'air; sa forme n'est donc plus indifférente, et son » diamètre doit être dans un certain rapport avec celui de la » mèche, si l'on veut obtenir le plus de lumière possible avec » la même quantité d'huile dépensée. »

§ 8. — Dans le Manuel de l'Éclairage au Gaz (Encyclopédie Roret), qui a paru la même année, on trouve ce qui suit :

Page 60 : « Les théories sur la production de la chaleur et » de la lumière pendant la combustion sont nombreuses. Aucune » n'est exclusivement acceptée, et l'on peut seulement exprimer » le fait que la combustion est le résultat d'une action chimique » intense. »

Page 221 et 222 : « Les becs qui procureraient la lumière » la plus éclatante seraient ceux où la flamme, par un fort » courant d'air, brûlerait rapidement le carbone ; mais les becs » les plus économiques sont ceux, au contraire, où le courant » d'air est ramené à une vitesse telle, que la combustion est

» aussi lente que possible, en prenant cependant pour limite, » dont il faut rester éloigné, le point où le courant d'air ne » fournirait plus la quantité d'oxygène nécessaire à la com- » bustion, ce qui donnerait naissance à la fumée. Dans les » commencements, on donnait un fort tirage aux becs; mais » la connaissance de ces faits a engagé quelques compagnies à » rétrécir le courant d'air des becs, et elles y ont trouvé une » économie d'un cinquième.

» Dans la question qui nous occupe, on trouve, d'une part, » que les moyens qui facilitent les dépôts nuisent à la combus- » tion, et, de l'autre, que ceux qui rendent la combustion plus » complète, nuisent au dépôt du charbon, de manière qu'évi- » demment, et de l'aveu de M. Dumas, ce sujet ne peut être » étudié avec profit que par la voie de l'expérience, etc.....

» Relativement à la dépense, la flamme bleuâtre est la » moins avantageuse; la flamme blanche vient ensuite, et la » plus avantageuse est la flamme jaunâtre. »

Page 223 : « L'objet du fumivore est d'éviter de noircir les » plafonds; d'après M. Payen, il offrirait quelques avantages en » modérant la vitesse de l'air affluant.

» Enfin, la hauteur de la flamme doit être telle qu'on ne » puisse l'augmenter sans avoir de fumée, et que sa couleur » soit jaunâtre. »

Page 226 : « Le gaz produit la lumière la plus vive, déve- » loppe un peu plus de chaleur que la lampe, absorbe plus » d'oxygène et fatigue beaucoup la vue, surtout si la lumière » bouge et que l'on n'ait pas le soin de l'adoucir par un globe » dépoli. »

Page 227 : « La forme et la disposition des becs ont une » grande influence dans la question qui nous préoccupe, et les » moins insalubres sont ceux où la combustion est la plus par- » faite, et qui, par conséquent, ont un courant d'air suffisant

» pour qu'il ne se forme pas de fumée, et pas assez fort pour » entraîner les gaz avant que d'être entièrement brûlés. Dans » le cas où la combustion est parfaite et le gaz bien épuré, il » n'en résulte que de l'eau qui se répand en vapeur légère, et » qui se forme par la combinaison de l'oxygène et de l'hydro- » gène ; un peu d'acide carbonique, qui est composé de carbone » et d'oxygène ; puis, enfin, une partie de l'oxygène de l'air se » trouve absorbée. »

« Page 228 : « Les personnes obligées de séjourner dans les » endroits où il y a beaucoup de lumière, et principalement de » lumière produite par le gaz, se plaignent de gêne de respi- » ration, d'étouffement, d'une chaleur âcre à la gorge et d'une » titillation qui provoque une toux sèche et fatigante.

» Il est reconnu que les rayons lumineux dont la vue est » principalement affectée, sont les blancs et les rouges ; il » serait donc à propos de ménager la sensibilité de l'œil par » des teintes plus douces, en faisant traverser des corps verts » ou bleus par la lumière. »

Page 229 : « Il reste une observation importante à faire. » C'est que les oscillations de la lumière sont une circonstance » très-défavorable de l'éclairage, et que la lumière la plus uni- » forme est celle qui fatigue le moins les yeux. Il est donc » essentiel que les fabricants de gaz prennent les dispositions » nécessaires pour que la lumière ne *danse* pas. »

§ 9. — Les extraits qui précèdent nous permettraient déjà de remplir passablement la tâche que nous nous sommes proposée dans ce chapitre. Mais la publication des écrits auxquels ils appartiennent est antérieure de plus de quatre ans à l'époque à laquelle nous écrivons ceci (septembre 1854). Or, les faits et les idées, celles-ci surtout, ont éprouvé depuis lors quelques tendances à des modifications que nous ne saurions passer sous silence. Un seul écrit, que nous sachions, les fait connaître, suffisamment du moins : c'est le Journal de l'Éclairage au Gaz. Ce journal, qui est rédigé non-seulement avec beaucoup de talent, mais encore avec une loyauté et une impartialité qui, jusqu'à ce jour, ne se sont pas démenties et sont bien rares aujourd'hui, même parmi les organes de la presse qui en font le plus parade; ce journal, disons-nous, va nous être fort utile pour combler cette lacune.

On y lit ce qui suit, numéro de juillet 1852, page 51 : « Les » expériences photométriques se font ordinairement en prenant » pour point de comparaison soit une bougie, soit une lampe. » Mais, outre que, même en ayant égard à la quantité de cire, » ou de spermaceti, ou d'huile brûlée dans un temps donné, » ainsi qu'à la qualité de ces substances, il est presque impos- » sible de se prémunir contre les mille causes d'erreurs qui » entourent ces expériences; elles ne peuvent toujours, à » moins d'être excessivement bien faites, servir que d'appro- » ximations, en supposant encore que le genre de bec dont on » se sert soit parfaitement approprié à l'espèce de gaz avec » lequel on opère. »

Page 54 : « On peut inférer de ce qui précède qu'il n'y a pas » encore de moyen pratique pour estimer la valeur éclairante » d'une lumière, d'où l'on doit ensuite déduire qu'il n'y a rien » d'étonnant à ce qu'il existe des divergences d'opinions si » frappantes sur le même objet, soit qu'il s'agisse de la matière » à employer, des procédés de fabrication à adopter, ou des » appareils à préférer.

» Un moyen de vérification quelconque, mais général, pra- » tique et infaillible, du degré illuminant d'une lumière ou » des propriétés éclairantes d'un gaz, serait un grand bienfait » pour l'industrie de l'éclairage; il mettrait fin à bien des » hésitations et à bien des erreurs; il serait une boussole qui » nous indiquerait de quels côtés doivent tourner nos préfé-

» férences pour arriver plus vite à notre but : produire beau-
» coup d'éclairage à peu de frais. »

Août 1852, pages 73 et 74 : « La question la plus impor-
» tante de l'éclairage au gaz est celle des becs : avec un mauvais
» bec, aucune espèce de gaz ne donne un bon éclairage ; de
» plus, tel bec qui donnera une lumière satisfaisante dans
» certaines conditions de qualité de gaz et de pression, ne
» produira qu'un mauvais effet dans des conditions contraires.

» Le problème de la construction d'un bon bec est si com-
» pliqué et demande tant de connaissances, que les personnes
» qui en ont conscience reculent devant l'entreprise de sa
» solution.

» Dans un bec à gaz, chaque chose est à considérer ; il faut
» avoir égard à sa grandeur, à sa hauteur, au diamètre de son
» courant d'air intérieur, au nombre et à la grandeur de ses
» trous, au diamètre et à la hauteur de son verre..... »

Page 75 : « Pour que la flamme se manifeste, il faut que
» l'oxygène de l'air et l'hydrogène soient soumis au moins à
» une température de 600 degrés ; cette température s'élève,
» suivant M. Becquerel, à 1350 degrés, où la combustion est
» la plus active.

» Il faut donc aux combustibles non-seulement le contact
» de l'oxygène pour qu'il produise de la flamme, mais encore
» une température qui dépasse 600 degrés, sans quoi la
» combustion n'a pas lieu, et, de plus, la combustion est
» d'autant plus parfaite que la flamme se rapproche davantage
» de 1350 degrés de chaleur....... La flamme n'a une blan-
» cheur éclatante que par une grande vitesse de courant d'air,
» que l'on obtient au moyen d'une cheminée, vitesse qui est
» d'autant plus grande que, dans certaines proportions, cette
» cheminée est plus haute.

..... » Ne perdons pas de vue que la vitesse du courant

» d'air est cause qu'une grande quantité de gaz passe sans » brûler, et qu'il est difficile de construire un bec qui, en » même temps, donne une lumière éclatante et ne dépense que » peu de gaz. »

Novembre 1852. — Page 115. — « Il est essentiel de distin- » guer entre l'intensité et la quantité de lumière. Nous voulons » dire que la lumière la plus intense à l'œil n'est pas la plus » volumineuse. Ainsi, une flamme vive et éclatante donne l'in- » tensité, tandis qu'une flamme jaune, rougeâtre, donne la » quantité de lumière. Pour s'en convaincre il suffit, pendant » qu'un bec Argaud produit une lumière éclatante, de regarder » la muraille en tournant le dos à cette lumière, puis de faire » boucher le courant d'air central; on s'aperçoit alors que, » quoique la lumière devienne jaune et fuligineuse, la mu- » raille est mieux éclairée.

» La connaissance de ce fait, annoncé il y a vingt ans par » M. Payen, est de la plus grande importance sous le rapport » de l'économie du gaz. Il est dû à ce que la *quantité* de lu- » mière étant proportionnée au nombre de particules solides » de carbone chauffées, et l'intensité à la plus grande élévation » de température qu'elles éprouvent, une partie du carbone » sert, dans le cas de lumière intense, à produire de la cha- » leur, et se volatilise instantanément en passant à l'état de » combustion, tandis que, dans le cas de la lumière moins » blanche, l'hydrogène carboné commence par se décomposer, » toutes les parties de carbone se séparent, séjournent dans la » flamme pour y entrer en ignition préalablement à la combus- » tion, et fournissent une plus grande quantité de lumière » d'une intensité moindre. »

Décembre 1852. — Pages 138 et 139. — « Lettre de M. Jo- » bard sur le courant d'air des becs.

» Bruxelles, le 20 novembre 1852. — M. le Directeur, votre

» dernier numéro m'apporte une nouvelle preuve du temps » qu'il faut à une vérité vraie pour détrôner une erreur, sur- » tout quand cette erreur a été patronée par les corps savants, » comme celle de l'éclairage à double courant d'air d'Argaud, » qu'on s'est empressé d'adapter à toutes les lampes.

» Demandez à vos statisticiens de calculer la quantité d'huile » et de gaz consommés en pure perte depuis le bec d'Argaud, » et je suis persuadé que cette perte sèche est égale à la dette » de la France et peut-être à celle de l'Angleterre.

» N'est-il pas curieux que la Société d'encouragement et » même l'Institut n'aient pas pris la peine de faire brûler deux » lampes avec et sans courants, pour en mesurer la consom- » mation en égalisant les lumières ?

» Je l'ai fait, moi, il y a bien une vingtaine d'années...... » Si l'économie est d'un tiers pour le gaz, je crois pouvoir affir- » mer qu'elle approche de la moitié pour l'huile, si elle ne la » dépasse, dans les conditions de combustion que je viens de » rencontrer, après deux ans d'essais non interrompus et trois » mille francs de dépenses, pour produire quoi ? une lampe de » deux francs, à la lueur de laquelle je vous écris. Il est vrai » que toute la lumière est concentrée sur une feuille de papier, » et que je ne perds rien pour éclairer les murs et le plafond. » La lumière est égale à celle d'une petite Carcel économique, » qui brûle 23 grammes d'huile, et la mienne ne consomme » ou consume que 7 grammes ou 1/2 centime par heure, au » prix actuel de l'huile. Elle brûle dans l'air chaud ; la flamme » est terminée en pinceau très-mince ; son niveau est rigoureu- » sement constant ; elle est à l'abri du vent et offre toute ga- » rantie contre l'incendie. Avant de sortir le soir, je la coiffe » de l'économisateur, qui réduit la flamme à l'état de ver lui- » sant et ne consomme, d'après les pesées faites hier par les » chimistes du Musée, que 1 gr. 125 millig. ; c'est-à-dire

» qu'elle brûle près de mille heures avec un kilogramme » d'huile.

» La flamme arrondie en bosse prouve qu'elle brûle exactement son huile et ne la distille pas comme les flammes » pointues terminées par des vapeurs fuligineuses.

..... » J'ai découvert une mèche qui brûle 24 heures sans » qu'on y touche... »

Février 1853. — Pages 168 et 169. — « Lampe de M. Jobard. » Dans une des dernières séances de la Société d'encouragement, M. Jobard a présenté la petite lampe à laquelle il travaille depuis trois ans et dont il nous avait, depuis plusieurs » semaines, annoncé la réussite. Le problème qu'il s'était posé » était des plus compliqués : il ne s'agissait de rien moins que » d'enlever à l'éclairage à l'huile tous les défauts qu'on peut » lui reprocher, et de lui donner tous les avantages qu'on peut » lui désirer.

» Débarrasser la lampe de toute mécanique, de tout coulage, » de tout raccommodage et de tout apprentissage ; lui donner » un niveau constant, une flamme fixe, blanche et sans fumée, » insensible au vent, à la pluie, au tangage, aux moustiques, » préservant la vue et ménageant la bourse, tel était le programme dont l'inventeur a montré la solution à ses collègues » de l'Institut des provinces et de la Société d'encouragement, » laquelle en a renvoyé l'examen au comité des arts industriels.

.... » Ce n'est en définitive qu'une veilleuse, mais une » veilleuse élevée à la dignité de bougie, de lampe d'étude.... » La lampe de M. Jobard ne s'usera jamais non plus, mais elle » se cassera, car elle est toute en verre.... Au fait, ce n'est » pas cela dont il s'agit pour nous : c'est du mode de brûler » l'huile, en substituant le volume à l'intensité de la flamme, » ce qui constitue une ère nouvelle pour l'éclairage de toute » nature ; car il n'est point vrai, comme on l'avait cru jusqu'ici,

» que le volume et l'intensité soient deux équivalents lumi-
» neux ; . . . . . il (M. Jobard) a supprimé la cheminée de verre
» et son tirage artificiel, pour faire brûler son huile dans l'air
» chaud, avec le moindre tirage possible, et il a réussi.

» Ce principe constaté va certainement amener une très-
» heureuse révolution dans l'éclairage au gaz et dans tous les
» éclairages possibles.

. . . . . « Enfin, nous voyons aujourd'hui très-clairement que
» nous avons toujours marché au hasard dans le domaine de
» l'éclairage et du chauffage, tandis que la science a élucidé
» une foule de questions de bien moindre importance. »

Mars 1853. — Pages 178 et 179. — « Si la combustion du
» gaz s'opérait avec de l'air refroidi, au lieu d'air ambiant, il
» faudrait une plus grande quantité de gaz pour produire une
» somme donnée de lumière; si, au contraire, on a recours
» à un artifice quelconque pour que l'air arrive au bec à une
» chaleur plus élevée que la température ordinaire, on trouve
» une économie notable dans la consommation. . . . . . .

» Il est donc clair que le froid est nuisible au développement
» de la flamme et que le chaud lui est favorable. . . . . Nous
» n'avons, pour le moment, l'intention que de poser en prin-
» cipe que l'air chaud procure une économie dans la com-
» bustion, et, à cet égard, la lampe de M. Jobard vient encore
» nous donner un appui pratique.

» Cette lampe consiste principalement en un cylindre en
» verre, fermé par le bas, dans le fond duquel se trouvent
» l'huile et la mèche; la partie supérieure de ce cylindre de
» verre, qui, comme on le voit, est tout à la fois le corps de la
» lampe et la cheminée, la partie supérieure, disons-nous, est
» recouverte d'un capuchon qui a deux espèces d'ouvertures :
» les unes se trouvent sur le bord, et donnent accès à l'air
» ambiant, qui descend le long des parois du cylindre jusqu'à

» ce qu'il soit parvenu, tout en s'échauffant dans ce parcours,
» au niveau de l'huile, pour alimenter la flamme produite par
» une petite mèche; une autre ouverture, pratiquée au milieu
» de ce capuchon, fait office de cheminée, et sert à l'expulsion
» des gaz brûlés........ »

Avril 1853. — Page 201 : « Les choses en étaient là lorsque
» Argaud inventa le bec à double courant d'air, et donna ainsi
» à la flamme une telle intensité, un tel éclat, que l'on peut à
» juste titre le nommer le père de la lumière.

» Nous ne sommes pas de ceux qui pensent que son inven-
» tion fut une des erreurs les plus désastreuses du siècle,
» assertion du reste qu'aucun progrès n'a justifiée. Nous croyons
» fermement, au contraire, qu'Argaud a rendu à l'humanité
» un service immense, dont nous devons nous montrer d'au-
» tant plus reconnaissants que, de son vivant, il a eu déjà bien
» à souffrir en entendant appliquer aux lampes de son inven-
» tion le nom de Quinquet, son plagiaire. »

Août 1853. — Page 277 : « Le directeur du Musée de l'in-
» dustrie belge, dont les travaux font tant d'honneur à son
» pays d'adoption, a prié l'Académie des sciences, lundi dernier,
» de nommer une commission pour aller vérifier la réalité d'une
» découverte dont on pressentait depuis longtemps la possibilité
» sans l'avoir rencontrée. Il s'agissait de brûler le gaz sans
» refroidir, par conséquent sans amoindrir la flamme. Au lieu
» d'augmenter autant que possible, comme on l'a fait jusqu'ici,
» la quantité d'oxygène mis en contact avec l'hydrogène,
» M. Jobard a suivi la marche contraire. Il s'est appliqué
» depuis plusieurs années à ralentir les courants et à ne fournir
» à la flamme que le minimum de l'air nécessaire à la com-
» bustion. Il est parvenu à obtenir de la sorte plus de flamme
» et moins de chaleur; le carbone est brûlé plus lentement et
» plus intégralement, avec une économie de 50, 56 et 65 litres

» de gaz par heure et par bec d'ordonnance. Ces résultats » obtenus photométriquement sur les compteurs de M. Chopin, » sous la direction de M. Magnier, habitué à ces calculs, ne » laissent plus aucun doute sur l'importante économie réalisée » par l'invention de M. Jobard, lequel applique ces mêmes » principes à la combustion de l'huile avec un succès écono- » mique encore plus remarquable, puisque sa lampe ne con- » somme que sept grammes d'huile par heure. L'Académie a » nommé deux hommes bien compétents pour examiner cette » affaire, MM. le baron Séguier et Payen. Mais elle a déjà été » jugée par des hommes plus compétents encore, par les con- » trefacteurs qui s'en emparent. Ceux-là ne se trompent guère » sur le choix de la proie qui leur convient.

Enfin, on lit dans le journal *la Presse* (n° du 28 janvier 1853) : . . . . . . « La théorie de la veilleuse, présentée par » M. Jobard, basée sur le même principe, doit produire la » même économie. Nous ne disons rien du mécanisme, puis- » qu'il n'y en a pas. Ce n'est qu'un verre à pied dans lequel » brûle une flamme fixe, à niveau rigoureusement constant, » alimentée par des courants mathématiquement déterminés, » et sur laquelle le vent, la pluie, le mouvement et les mous- » tiques n'ont aucune prise, et qui chauffe, au besoin, la » tasse du malade ou la capsule du chimiste; il n'y a ni tache, » ni incendie, ni raccommodage à craindre. Nous serions heu- » reux de voir confirmer tous ces avantages par la commission » nommée à cet effet; car il nous manque une bonne petite » lampe omnibus, etc... »

Tous les numéros du Journal de l'Éclairage au Gaz qui ont paru depuis, bien que fort intéressants, ne nous présentant pas de document important au sujet des idées qui nous occupent, notre revue est achevée.

§ 10. — Les nombreux extraits qui précèdent suffisent pour

établir nettement le passé et le présent de l'éclairage, d'après les opinions des écrivains les plus compétents et qui s'en sont le plus occupés. Ils font voir que la science a, à son égard, des principes arrêtés, mais que, sous quelques rapports, une tendance à contestation s'est produite. Celle-ci est due à un homme aussi remarquable par ses connaissances variées, par son esprit ingénieux et inventif, par les grands services qu'il a rendus à l'industrie et par la vive sympathie qu'il inspire aux amis du progrès, que par la noblesse de son caractère. On a reconnu le directeur du Musée belge, M. Jobard.

Mais, avant de résumer les enseignements qui découlent de tout ce que l'on vient de lire, il importe de laisser les écrits pour observer l'éclairage à l'œuvre dans les diverses conditions sociales. On conçoit que les habitudes, les usages, les besoins, les aspirations y doivent avoir un caractère différent, parfois même diamétralement opposé. Il est donc essentiel pour être clair, d'établir des distinctions.

2me SECTION.

Usages, coutumes, besoins, désidérata des diverses classes de la société, en matière d'éclairage ; — défauts et qualités des appareils qui y sont employés.

L'expérience enseigne que, dans les classes riches, et même dans celles fort aisées, on se sert presque uniquement de bougies ou de lampes à double courant d'air. Là, ce n'est pas à beaucoup près l'économie qui est la qualité essentielle de l'éclairage; c'est la beauté de la lumière, la commodité des appareils, leur simplicité, leur propreté, la facilité de leur maniement, de leur transport, de leur nettoyage, de leur remplissage, de leur réparation. On y tient beaucoup, dût l'économie y perdre notablement, à ce que des domestiques d'une intelligence très-ordinaire puissent chaque jour, en peu de temps, et sans presque aucune chance de cassage, de tache surtout, procéder à tout ce qu'exige d'eux leur mise en service.

Si l'on descend l'échelle, l'économie acquiert plus d'importance, mais à un bien moindre degré que ne le supposent nombre d'écrivains. Il y a plus, même dans la classe la plus pauvre, les appareils préférés, et à bon droit, sont ceux dont la lumière est la plus coûteuse et le service le moins salubre, c'est-à-dire les lampes sans cheminée, qui répandent constamment une fumée nauséabonde, et les chandelles. Aux yeux de ceux qui en font usage, les qualités à désirer dans chaque appareil dépendent à un haut degré, et beaucoup plus que ne le pensent bien des auteurs, du rôle qu'il doit remplir. La grande majorité des populations est forcée de se contenter de lampes à bon marché, qui craignent peu d'être choquées et renversées même par les enfants, et qui, lorsque ces accidents arrivent, en éprouvent peu ou point de dommage. La lumière que fournissent ces ustensiles est certainement la plus chère, à égal degré d'intensité ; mais, pour ces populations, elle n'en est pas moins la plus convenable. Est-il possible d'améliorer beaucoup ces petits meubles ? cela ne fait pas, à nos yeux, l'objet d'un doute. Mais ils n'en auront pas moins longtemps et n'en doivent pas moins avoir, peut-être même à tout jamais, des traits, une physionomie, inhérents surtout aux besoins des classes auxquelles ils sont destinés.

Les principales qualités que l'on doit désirer dans un meuble d'éclairage nous paraissent être la propreté, la simplicité, la commodité, l'économie, la salubrité. Disons un mot de chacune.

Propreté. — Une des plus grandes causes de malpropreté dans l'éclairage réside dans les accidents. Quelle que soit donc la classe que l'on considère, il faut s'appliquer à les prévoir et à tâcher de les rendre le plus rares et le moins nuisibles possible. Qu'un flambeau à bougie vienne à choir, le mal est ordinairement peu grave; qu'une lampe convenablement établie soit renversée, un prompt relèvement peut faire qu'il y ait fort peu d'huile répandue; et mieux elle atteindra ce but, mieux, toutes choses égales d'ailleurs, elle méritera d'être accueillie. Sous ce point de vue, les lampes à réservoir latéral, à tringle, à bouteilles, ont à nos yeux un grand désavantage. Aussi doit-on peu s'étonner que, malgré leur grande infériorité de prix, elles soient à peu près remplacées par la lampe de M. Franchot. Il est vrai que leur forme assez disgracieuse, bien plus encore que l'ombre qu'elles projettent, y dispose grandement.

Une des principales causes d'accidents gît dans la grande hauteur des cheminées. Cette cause est, comme on le verra, facile à faire disparaître.

Les porte-verres peuvent également être rendus sensiblement plus propres.

Simplicité. — On est généralement beaucoup trop porté à croire que la simplicité est un des attributs de la supériorité. Neuf fois sur dix, c'est le contraire qui est vrai. Dans l'espèce, les exemples ne manqueraient pas. Quoi de plus simple que la lampe antique, et quoi aussi de plus imparfait! Toutes ces lampes fuligineuses et nauséabondes, employées par le peuple, et même dans la domesticité de beaucoup de familles plus ou moins aisées ou riches, sont dans le même cas. Quand nous nous servons du mot *simplicité*, nous sommes loin d'avoir en vue les procédés qui, dans tous les arts très-arriérés, dénotent l'état primitif, le berceau, l'enfance. Nous voulons parler de cette simplicité de bon aloi, qui repose sur la connaissance de vérités scientifiques d'un ordre plus ou moins élevé, et qui, bien qu'ajoutant généralement quelque chose à l'objet qu'elle modifie, souvent un rien, un je ne sais quoi, le débarrasse de sa grossière écorce, et en fait, par cette seule addition, un produit de la science.

Nous appliquons aussi cette qualification à la suppression ou à la réduction, à la simplification de certains organes. Par exemple, les moyens qui seront indiqués, permettent de se passer, dans bien des cas, de globes de verre. Cette faculté nous a paru du domaine de ce mot. Ainsi encore ils réduisent la hauteur des cheminées à la moitié, au tiers de ce qu'elle est, le volume du foyer à la moitié, au tiers et plus. Ainsi, ils suppriment le coude ou renflement des cheminées, qui ne sont plus que de petits cylindres, etc....... Ces changements ne sont pas seulement du domaine de l'économie, ils sont aussi de celui de la simplicité.

Commodité. — Beaucoup de choses, en augmentant la propreté, la simplicité, augmentent aussi la commodité. Mais il en est d'autres qui accroissent celle-ci sans rien faire pour celle-là. Par exemple, de belles et bonnes lampes ont l'inconvénient de s'échauffer promptement dans le bas du verre et du porte-verre, et cela à tel point qu'on ne peut plus les manier, et que le globe lui-même participe plus ou moins de ce grave défaut. Dans le système qui sera exposé, rien de plus aisé que de procurer à ces lampes la commodité de pouvoir, sans que l'on en éprouve la moindre chaleur gênante, se prêter le plus souvent à ce que l'on ôte ou remette à volonté, verre, porte-verre ou globe.

Quand des lampes ne peuvent être transportées sans fumer beaucoup, et que l'on améliore plus ou moins notablement ce défaut, on ajoute à leur commodité.

Un coupe-mèche, qui permet de faire mieux et plus promptement la section de la partie brûlée, donne lieu à un accroissement de commodité.

Les veilleuses du peuple peuvent être éteintes par le moindre courant d'air, par les petits papillons et les insectes. Les débarrasser, ou peu s'en faut, de cet inconvénient, sans le remplacer par un autre, n'est-ce pas ajouter à leur commodité ?

N'est-ce pas agir de même que de faire qu'elles puissent durer plusieurs fois 24 heures, etc..... ?

Les gens riches n'ont ni veilleuse, ni lanterne passable. Leur en procurer de très-satisfaisantes sous presque tous les rapports, n'est-ce pas leur venir en aide sous le point de vue de la commodité ?

Économie. — On comprend, d'après ce qui vient d'être dit, qu'une économie notable doit être la conséquence des avantages déjà énumérés ; mais il en est une autre encore dans l'accroissement de lumière que produit une combustion parfaitement réglée, comme aussi dans la moindre chance de casse des cheminées. C'est surtout dans les appareils employés par la grande majorité des populations, dans ceux où l'on ne se sert pas de cheminées, que la différence est considérable.

Salubrité. — Mieux la combustion sera comprise et réglée dans les meubles affectés à l'éclairage, et mieux évidemment la salubrité s'en trouvera. Par suite des améliorations déjà apportées à ceux en usage chez les riches et les gens aisés, ces classes ont peu de chose à désirer sous ce rapport. Mais combien s'en faut-il qu'il en soit ainsi dans les autres parties des populations, c'est-à-dire dans les plus nombreuses ?

3me SECTION.

Principes et procédés qui découlent des deux Sections précédentes.

§ 11. — En ce qui concerne les principes fondamentaux de la théorie, il est à peu près universellement admis aujourd'hui :

1° que la quantité de lumière produite est due surtout et proportionnée à l'élévation de la température et à l'abondance des particules charbonneuses existant dans la flamme à l'état d'incandescence avant leur réduction en gaz; 2° que les courants d'air qui rendent les flammes plus brillantes, plus blanches et moins volumineuses, diminuent la quantité totale de lumière émise; 3° que les courants trop faibles donnent moins d'éclat, une coloration plus rouge, mais un volume plus grand, à cause d'une combustion moins rapide; 4° que, cependant, on peut, à l'aide du bec Chaussenot, réunir la quantité à l'intensité; 5° que le fumivore Bourguignon produit, dans l'éclairage au gaz, un effet analogue; mais, dans celui par les lampes, une faible différence; 6° qu'il y a un grand avantage à se servir d'air chaud pour alimenter la flamme; que, dans l'éclairage à l'huile, le brûler-à-blanc est le seul moyen d'obtenir un résultat satisfaisant sous tous les rapports.

Quant aux procédés, on est généralement d'accord aussi : 1° que le meilleur moyen d'obtenir la rapidité des courants à laquelle on demande l'élévation de la température, est l'emploi de hautes cheminées; 2° que l'usage des doubles courants d'air est éminemment avantageux; 3° que la seule amélioration d'une grande importance qui y ait été apportée, consiste dans l'adoption du coude des cheminées; 4° que le principe du brûler-à-blanc, lequel constitue un perfectionnement d'une valeur bien plus grande, et auquel on ne saurait trop applaudir, ne peut être réalisé qu'en faisant arriver au sommet des mèches une surabondance d'huile plus ou moins forte, surabondance qui, dans quelques lampes, telles que celles Carcel et celles Franchot, est considérable; 5° que le procédé des mèches plates est très-défectueux, et qu'il est fort difficile, sinon impossible, de l'améliorer beaucoup; 6° que la recommandation, déjà faite, il y a vingt-six ans, par M. Péclet, de rétrécir les courants d'air, bien que plus ou moins écoutée, pourrait bien ne pas l'avoir été à beaucoup près assez ; 7° que la lampe Franchot tend de plus en plus à réaliser les prévisions de la Société d'encouragement et à remplacer ses rivales ; 8° que partout où existent la gêne et surtout la pauvreté, c'est-à-dire dans la partie la plus nombreuse des populations, on ne se sert que de procédés très-coûteux, quant à la quantité de lumière produite, et fort peu salubres ; 9° enfin, que les procédés employés pour mesurer l'intensité et la quantité de lumière créées, présentent d'assez grandes difficultés, mais doivent inspirer toute confiance, quand c'est par des personnes exercées et compétentes qu'ils ont été mis en œuvre.

4me SECTION.

Principes et procédés dont l'application doit faire l'objet du Chapitre II. — Différences qui existent entre eux et ceux adoptés.

§ 12. — La science, dans tout ce qui fait l'objet de ses études, commence par s'enquérir des faits, par les vérifier, par s'efforcer de leur en adjoindre d'autres ; puis, quand elle s'y croit suffisamment autorisée, elle pose des principes, non pas comme règles immuables, mais comme jalons propres à faciliter les recherches ultérieures. Cette tâche remplie, c'est presque toujours à l'industrie qu'il appartient de faire des applications, de tâtonner avec plus ou moins d'intelligence, et de découvrir de nouveaux faits, capables, s'il y a lieu, de conduire à la modification, au redressement, à l'extension ou à la restriction de ces principes ; en deux mots, au progrès de l'ordre de choses auquel ils appartiennent.

Nous avons dit dans les sections précédentes, et résumé dans la dernière, où en sont les idées fondamentales qui dominent en matière d'éclairage. Procédons, en ce qui le concerne, à la tâche que nous venons d'indiquer.

La science admet l'utilité d'une température plus ou moins élevée dans l'air destiné à alimenter la combustion; mais elle reconnaît également que l'air chaud contient, à volume égal, bien moins d'oxygène que l'air froid; donc, il pourrait ne pas être mal avisé d'essayer d'entrer dans une nouvelle voie, c'est-à-dire de ne diriger sur la flamme qu'une quantité d'air froid ou ambiant beaucoup moindre qu'on ne le fait aujourd'hui, et, de plus, animée d'une vitesse bien plus faible.

Cette idée envisagée, expérimentalement surtout, de bien des façons, nous a conduit aux principes et aux procédés suivants :

1° Le plus important de tous, et il est fondamental, il est la clef de la voûte, peut être énoncé ainsi :

Diriger, doser, tamiser, distribuer, et généralement mouler sur la forme des becs et des bobèches, l'air ambiant, en cherchant plutôt à le refroidir qu'à l'échauffer; empêcher le mieux possible que l'expulsion des produits de la combustion puisse être troublée ; faire tout cela méthodiquement et surtout d'une manière appropriée à chaque appareil, est et sera peut-être longtemps, sans préjudice de quelques autres principes et procédés secondaires, tout le secret de l'art d'appliquer à l'éclairage les matières qui y sont propres.

Le fait est que la plupart des difficultés que présente cet art ne sont plus qu'un jeu dès qu'on en fait reposer la solution sur ce principe et sur les quelques autres qui vont être exposés.

L'idée que le domaine presque tout entier de l'éclairage peut recevoir de grandes améliorations par une bonne administration de l'air, par l'application à cet agent et aux produits de la combustion de règles précises qui auraient pour effet d'enlever au hasard, en ce qui les concerne, la plus grande partie de son rôle. Cette idée est si simple qu'elle semble puérile; mais, vue à l'œuvre, on reconnaîtra peut-être qu'elle n'en mérite rien moins que le titre à nos yeux, c'est un véritable fil d'Ariane.

2° Dans l'état actuel des choses, on trouve, au premier abord, que c'est une vue ingénieuse et logique que de diriger l'air sur la flamme, comme on le fait depuis soixante et quelques années, au moyen d'un renflement en coude situé dans la partie inférieure du verre qui forme cheminée. Mais, examiné de près, ce procédé a de graves inconvénients : il conduit d'abord à donner au passage d'arrivée de cet air bien plus de surface qu'à la section minimum de la cheminée, ensuite à faire généralement celle-ci très-haute; il est cause en outre que la flamme a une forme plus ou moins laide et désagréablement coupée par le haut du coude, plus ou moins conique, ce qui en renvoie et avec désavantage une partie au plafond; enfin, plus ou moins agitée, même dans l'air le plus calme.

Or, la science enseignant que le volume des substances gazéiformes, produites par la combustion, est beaucoup plus considérable (plus du double) que celui de l'air qui y est nécessaire, il était naturel de croire qu'en prenant le contrepied de ce qui se fait généralement, c'est-à-dire en faisant en sorte que ces substances trouvent un débouché tout à la fois convenable et sensiblement plus grand que celui d'arrivée de cet air, on obtiendrait un résultat plus satisfaisant. Le succès ayant confirmé cette prévision, le principe est désormais acquis à la pratique.

3° L'expérience a appris que, dans une foule de foyers, la combustion est d'autant plus parfaite que l'air y arrive plus lentement et a plus de temps pour agir. L'application de cette méthode à l'éclairage nous a pleinement réussi, et nous a conduit à admettre qu'en général il faut diminuer considérablement le tirage, et, par suite, faire les cheminées aussi basses que possible. La flamme acquiert d'autant plus de développement que l'on peut entrer davantage dans cette voie.

4° Dans un grand nombre d'appareils d'éclairage, la flamme est plus ou moins agitée, souvent même dans l'air le plus calme. Un des meilleurs moyens de la rendre presque immobile, est de faire que l'air n'y arrive qu'après avoir traversé un corps criblé de trous plus ou moins fins, et par exemple une toile métallique suffisamment fine.

L'agitation, déjà notablement diminuée par l'amoindrissement du tirage, est presque entièrement détruite par l'application de cette règle.

5° Pour obtenir dans les appareils à double courant d'air une flamme d'une blancheur et d'un éclat éblouissants, il faut faire en sorte que le courant extérieur, au lieu d'être, comme de coutume, plus ou moins parallèle à celui intérieur, lui soit plus ou moins perpendiculaire.

6° Quand on désire une flamme sensiblement plus volumineuse, il faut ou diminuer suffisamment la quantité d'air qui y arrive, ou, ce qui d'ailleurs produit cet effet, gêner d'une manière convenable l'issue des substances gazéiformes qui sortent. Dans ce second cas, un des meilleurs moyens de parvenir au résultat, est d'employer un chapeau en toile métallique ordinaire, choisie en conséquence. Pour éviter qu'il puisse être confondu avec un autre dont il va être parlé, nous le nommons chapeau *extenseur*.

7° Quelque hautes que soient les cheminées, on améliore sensiblement le régime de la combustion, surtout quand on peut avoir à transporter les appareils, en les couvrant d'un chapeau criblé de petits trous, mais établi de manière qu'il n'en diminue pas ou à peine l'issue, sous peine de produire l'effet dont il vient d'être parlé, alors même qu'on ne le voudrait pas. Le meilleur de ces chapeaux est en toile métallique à fils très-fins, comme par exemple d'un dixième ou d'un vingtième de millimètre de diamètre et à mailles d'environ un millimètre de côté. (On ne trouve pas de ces toiles dans le commerce.) Ces toiles ont en outre l'avantage de rayonner très-peu de chaleur, ce qui, le plus souvent, et notamment dans le cas du n° 9 ci-après, est fort utile. Nous donnons à ce chapeau la désignation de *protecteur*.

8° Quand, avec des appareils à simple courant d'air, on veut obtenir un éclairage plus ou moins complètement à l'abri des agitations de ce corps, qui y produisent constamment de la fumée, à l'abri aussi des petits papillons et des insectes, il faut les munir de chapeaux analogues aux précédents ou recourir à des moyens équivalents. Ces chapeaux ont encore une propriété importante : c'est d'offrir le moyen, quand on les prend suffisamment fins, de ne laisser entrer qu'une dose d'air insuffisante pour la quantité de combustible qui arrive au bec, et, par suite, d'économiser ce combustible, mais en diminuant la lumière. Il en résulte, comme on le verra plus loin, une grande facilité pour améliorer sensiblement et l'éclairage du riche par les bougies et celui du pauvre par l'huile.

9° Lorsqu'une bougie stéarique, allumée et entourée d'une cheminée suffisamment large, qui ne laisse arriver l'air à la flamme qu'à travers un chapeau approprié, ne reçoit de cet air qu'une dose beaucoup moindre que celle qu'elle consommerait à l'air libre, l'effet produit est, d'une part, une diminution considérable de consommation de matière, de chaleur et de lumière; d'autre part, et c'est là un point d'une importance capitale, une combustion telle, que l'on peut faire que cette matière ne soit jamais à l'état liquide, mais constamment à celui de pâte. De ce fait résultent des règles fort simples pour l'établissement de veilleuses et de lanternes aussi élégantes que commodes. (Les bougies de cire et de spermaceti, par suite de ce qu'elles fondent à une chaleur plus basse que celles de stéarine, se prêtent beaucoup moins bien à l'application de ces règles et exigent plus impérieusement que l'on amoindrisse autant que possible tout rayonnement de chaleur.)

10° Lorsque, pour avoir la combustion la plus lente possible, on donnera aux appareils à double courant d'air des cheminées très basses, comme par exemple d'environ cinq centimètres de hauteur, et dont par conséquent la flamme pourra presque atteindre le sommet, il faudra, pour empêcher ou diminuer beaucoup l'action nuisible de l'air, sans accroître le tirage, rendre cette cheminée plus élevée, en y ajoutant un cylindre de quelques centimètres de hauteur, criblé de petits trous, mais cependant pas trop fins, fait par exemple en toile métallique à mailles d'environ un millimètre de côté. Nous avons reconnu à cette sorte de manchon la propriété d'être protectrice sans augmentation de tirage. Il sera d'ailleurs généralement bon qu'il soit muni d'un chapeau.

Les principes et les procédés qui viennent d'être exposés, nous ont conduit aux onze résultats suivants :

1° Remplacement des hautes cheminées, généralement non moins incommodes que laides et aidant à l'agitation de la flamme, dont on se sert ordinairement, par d'autres dont l'élévation n'en est le plus souvent pas même la moitié, le tiers et quelquefois moins encore; ce qui n'empêche pas, si l'on y tient, d'en employer de très-hautes. Toutes sont à volonté des tubes cylindriques ou légèrement coniques. Avec un gros verre de lampe, on en peut faire souvent deux, trois ou quatre.

2° Obtention d'une flamme analogue à celles ordinaires, ou d'une flamme d'une blancheur éblouissante, ou d'une flamme plus volumineuse, plus jaunâtre et plus économique. On peut faire qu'un seul et même appareil puisse donner à volonté celle que l'on désire.

Toutes ont lieu, même celle éclatante, avec peu d'air et peu de vitesse. Elles paraissent donc dues à la combustion lente, et non à la combustion rapide. Le procédé qui donne celle éblouissante semble devoir convenir surtout aux phares, aux navires, aux chemins de fer, aux rues et places, aux voitures; en deux mots, à tous les éclairages qui ont surtout besoin de cette propriété.

3° Production, même dans les appareils actuels à hautes cheminées, de l'extension ci-dessus du volume de la flamme.

4° Fixité et immobilité presque entières de la flamme, qui a de plus, dans tous les appareils à double courant d'air, la forme gracieuse du cylindre, parfois même celle de la tulipe, au lieu de celle plus ou moins pointue, disgracieuse et agitée que donnent la plupart de ceux actuels. Il résulte de cette presque immobilité que, de même qu'on le fait avec nombre de becs de gaz, on peut supprimer les globes de cristal, et rendre ainsi fort légère cette partie ordinairement lourde et massive des meubles d'éclairage, où elle est usitée.

5° Remplacement, dans les lampes à double courant d'air, des dégorgeoirs plus ou moins sales dont on se sert, par d'autres beaucoup plus propres, faisant perdre moins d'huile par le nettoyage; plus aisés et plus prompts à essuyer, fort utiles pour la bonne direction et la répartition de l'air; enfin susceptibles d'être eux-mêmes supprimés, mais avec trop peu d'avantage pour qu'on s'arrête à le faire.

6° Appropriation aux éclairages de forme aplatie de la presque immobilité de la flamme, et propriété de donner presque aussi peu de fumée que ceux à double courant d'air.

7° Même appropriation aux lampes en usage dans le peuple et parmi les domestiques des gens aisés; au point qu'un éclairage même aussi peu coûteux que celui de la veilleuse la plus économique la possède en grande partie.

8° Moyen de rendre presque nulle l'influence nuisible que l'air, les petits papillons et les insectes peuvent exercer au sommet des verres.

9° Méthode qui s'adresse plus particulièrement aux classes riches et aisées, pour obtenir, avec un petit appareil fort simple, que les bougies, et surtout celles de stéarine, soient de bonnes et élégantes veilleuses, ne coulant jamais ou presque jamais, et ne pouvant par conséquent causer de taches; ne craignant ni les agitations de l'air, ni l'extinction par les petits papillons et les insectes; susceptibles d'être aisément transportées sans s'éteindre; enfin ne consommant par heure qu'environ deux grammes et demi, ou davantage, si l'on veut plus de clarté.

L'éclairage ordinaire par les bougies peut tirer parti de cet appareil.

10° Procédé, surtout à l'usage des classes pauvres, pour faire que la flamme des veilleuses à l'huile ne craigne ni les courants d'air, ni l'extinction par les petits papillons et les insectes; qu'elle ne consomme, si l'on veut, par heure, qu'environ un gramme et demi d'huile; qu'on puisse la laisser durer, sans avoir besoin de s'en occuper, jusqu'à trois fois vingt-quatre heures et plus; que l'on puisse renoncer, si on le désire, à l'emploi des petits ustensiles en porcelaine, ou en liège et fer-blanc, dont on se sert communément.

11° Remplacement des ciseaux ordinaires, employés pour couper les mèches, par un petit ustensile plus expéditif, qui en opère généralement la section plus uniformément, et, par suite, donne ordinairement à la flamme plus d'égalité, de régularité, de netteté et de pureté.

Maintenant, quelles sont les différences qui existent entre les principes et les procédés qui viennent d'être exposés et ceux qui l'ont été au commencement de la 3me section ? Voici les principales :

Le 5° de ceux-ci, relatif aux courants faibles, ne nous paraît pas exact; et la preuve en est dans la manière dont notre éclairage d'un blanc éblouissant est produit; car il l'est par des courants beaucoup plus faibles que n'en fournit aucun des appareils à double courant d'air connus.

Le 6° nous semble ne pas l'être non plus, car dans cet éclairage si remarquable, l'air ambiant, quelque froid qu'il soit, arrive presque immédiatement à la flamme et en est sensiblement plus rapproché que dans les becs en usage.

Les appareils Chaussenot, Magnier et Jobard, ne doivent pas, selon nous du moins, leurs avantages à l'emploi de l'air chaud, mais à la diminution de tirage due aux dispositions qui leur sont propres.

Nous considérons également comme une erreur la croyance à l'utilité des coudes.

A ces différences il faut ajouter celles-ci :

La théorie actuelle se tait, ou peu s'en faut, sur le mode d'administration de l'air, c'est-à-dire sur sa direction, son dosage, son tamisage, sa distribution, comme sur l'utilité du peu d'étendue du foyer; comme encore sur les améliorations que l'on peut retirer d'une action convenablement exercée, soit au sommet des cheminées, soit au lieu d'introduction de l'air.

Une différence des plus saillantes et des plus utiles consiste dans la grande diminution de hauteur des cheminées.

On est généralement dans l'habitude de considérer un foyer d'éclairage comme devant avoir les mêmes qualités qu'un foyer de chaleur. Il y a cependant à établir entre eux une distinction importante. Dans celui-ci, l'un des buts les plus importants à atteindre, c'est que les produits qui s'en échappent aient la plus basse température possible, température que, dans les meilleures conditions, l'expérience a fait évaluer à environ 300° centigrades. Dans celui-là, il n'y a nul motif d'agir ainsi.

Il y a plus, comme dès que le maximum de lumière est obtenu, on a ce que l'on désire, il est clair qu'il ne peut qu'y avoir avantage à s'en débarrasser promptement. C'est un des motifs qui nous font terminer nos cheminées très-près du sommet de la flamme, à quelques centimètres seulement, et, si même il n'était nécessaire, pour éviter les chances de fumée, de leur faire dépasser ce sommet, nous nous en abstiendrions. Dans l'éclairage, tout ce qui n'est pas flamme ou indispensable à sa production et aux effets que l'on a en vue, nous semble superflu et à supprimer.

Les autres différences sont assez évidentes pour que nous puissions nous dispenser de les faire ressortir. Mieux vaut arriver de suite au second chapitre.

CHAPITRE II.

Description des améliorations que cet opuscule a surtout pour objet.

§ 13. — Une propriété générale que possèdent ces améliorations, c'est d'être presque toutes immédiatement applicables aux appareils en usage, sans autre changement que quelques légères modifications peu dispendieuses. Une autre propriété qu'elles ont encore, c'est que la quantité d'air, consommé ou non, qui y passe dans les cheminées, est rarement la moitié et souvent pas même le quart de ce qu'elle est aujourd'hui.

Tous les appareils d'éclairage peuvent être rangés en deux classes, savoir : ceux à double courant d'air et ceux à simple courant. Allons droit aux plus compliqués, c'est-à-dire aux premiers, et prenons pour exemple la lampe à beaucoup près la plus répandue et la meilleure, celle de M. Franchot, généralement connue sous le nom de *modérateur*, lampe qui, malgré sa grande supériorité, a tous les défauts signalés plus haut, à l'occasion des coudes des cheminées. L'application que nous allons y faire de nos principes suffira pour montrer comment, sauf des nuances, il faudra agir dans tous les cas de double courant, et pour les appareils à gaz comme pour les autres.

§ 14. — La modification principale à lui faire subir consiste dans le remplacement du porte-cheminée par un autre que l'on va décrire, et qui, de même que ceux usités, sert en même temps de guide et de dégorgeoir. A son sujet comme à celui de toutes les descriptions que nous ferons, présentons une observation essentielle : c'est que toujours les chiffres, les dimensions et même les formes que nous donnerons, pourront varier du plus au moins ; c'est aussi que, lorsque nous désignerons un métal, cela ne voudra nullement dire qu'il ne peut pas être remplacé par un autre.

Soit une lampe-modérateur d'un numéro ordinaire, c'est-à-dire dont le bec extérieur a vingt-un millimètres de diamètre. On prend un cylindre en fer-blanc de deux à trois centimètres de hauteur, et d'environ vingt-huit ou vingt-neuf millimètres de diamètre, à l'intérieur duquel on soude quelques petits guides verticaux, trois peuvent suffire, posés à égale distance les uns des autres, et ayant une section horizontale, telle que, placé sur le bec, on puisse l'y faire glisser à frottement doux. Le peu d'épaisseur du métal dont ces deux tubes sont formés leur laisse une élasticité plus que suffisante pour l'objet que l'on se propose. On ne saurait croire combien ce dégorgeoir-guide est préférable à ceux en usage.

Cela fait, on soude à son sommet un disque évidé intérieurement pour qu'il puisse y entrer, et sur lequel doit reposer la cheminée qui peut y être maintenue ou par une galerie tout entière, ou simplement, en raison du peu de hauteur de celle-ci, par quelques fragments de galerie, qui lui permettent d'y bien reposer, sans être exposée à vaciller. Le diamètre de cette pièce doit être un tant soit peu moindre que celui de l'ouverture supérieure du porte-globe, attendu qu'elle doit porter en dessous un manchon destiné à y passer, en n'y laissant pénétrer que peu ou point d'air. La hauteur de ce manchon doit être telle que, lorsque le porte-cheminée est au point le plus élevé de sa course, l'ouverture ci-dessus ne cesse pas d'être presque fermée. Pour plus de clarté, nous donnons, fig. 1, 2 et 3, le dessin de ce porte-globe.

Des cheminées fort diverses, tant en hauteur qu'en diamètre, ont fourni avec cet ustensile d'excellents résultats, et l'on en va concevoir la raison.

Le diamètre des mèches qui conviennent le mieux au modérateur pris pour exemple est de dix-huit millimètres (c'est le numéro 11 du commerce). Or, on peut obtenir avec ces mèches, selon la manière dont on opère, une belle flamme à peu près cylindrique ou en tulipe, qui n'ait que ce diamètre ou environ, ou une flamme qui en ait 19, 20, 21 et même plus. Bien donc que nous ayons reconnu qu'il est bon en général, surtout pour que les cheminées soient moins sujettes à la casse, qu'il y ait intérieurement entre elles et cette flamme un intervalle de cinq ou six millimètres au moins, cela ne suffit pas pour en fixer le diamètre. Et, en effet, nous en avons employé avec un plein succès qui avaient le leur compris entre les limites de 30 et 38 millimètres, avec des hauteurs atteignant jusqu'à 15, 20 et 25 centimètres. Les diamètres larges donnent une flamme plus large, mais, à consommation égale, moins haute et moins intense. Toutefois, comme la partie supérieure des flammes hautes a le défaut d'avoir peu d'intensité, nous trouvons ordinairement de l'avantage à la largeur.

Pour être plus clair, citons quelques exemples des cheminées qui, dans le cas choisi, nous ont très-bien réussi.

Hauteurs		0m,25	0,20	0,14	0,12	0,10.
Diamètres intérieurs	en bas.	0m,038	0,037	0,035	0,030	0,038.
	en haut.	0m,038	0,037	0,034	0,030	0,034.

Quand, avec une hauteur de mèche donnée, on veut avoir une flamme basse, il faut hausser le porte-verre, c'est-à-dire augmenter la vitesse des courants ; veut-on, au contraire, l'avoir haute, il faut le baisser. Répétons-le, les cheminées peuvent avoir des dimensions très-diverses et fournir de fort bons résultats, en rapport ou peu s'en faut avec la consommation de combustible.

Le porte-verre que l'on vient de décrire a une grande longueur de course qui facilite beaucoup la variété des effets.

Avant de passer à l'éclairage éblouissant, disons qu'il importe que les ouvertures du porte-globe soient munies d'une toile métallique, et que moins les échancrures ménagées dans le bas pour le passage de la clef et celui du bouton laisseront de vides larges, et mieux cela vaudra. Il serait bien vu de fabriquer ces porte-globes de telle façon que toutes leurs petites ouvertures, sauf ces deux dernières, fussent criblées de petits trous d'environ un millimètre de diamètre. Cela serait préférable à l'addition d'une toile.

§ 15. — Pour appliquer au porte-verre décrit le principe de l'éclairage éblouissant, il suffit de ce qui suit : 1° supprimer la galerie ; 2° souder sur le disque un manchon d'environ trente-six millimètres de diamètre et d'environ aussi deux centimètres de hauteur, criblé de petits trous ou formé d'une toile métallique, et de fixer à son sommet un disque horizontal ayant à son milieu une ouverture d'environ vingt-sept millimètres de diamètre, destinée à donner passage aux substances gazéiformes et à la flamme. C'est sur ce disque que doit reposer la cheminée.

4

La blancheur et la beauté de la lumière sont d'autant plus remarquables que le diamètre de l'ouverture ci-dessus est mieux approprié à l'appareil. Une petite fraction de millimètre peut, dans ce cas, avoir de l'influence; ce qui n'empêche pas que des dimensions plus ou moins différentes ne donnent encore un grand éclat. Quant à la manière de fixer avec une solidité suffisante dans le plus grand nombre de cas la cheminée, celle que nous avons préférée, comme faisant perdre moins de lumière, est celle-ci : vers le bas de cette cheminée et sur deux points diamétralement oppposés, on fait faire à mi-verre un petit trou conique; puis, en face de chacun, on fixe après le manchon un morceau de métal faisant ressort et terminé par un petit cône qui entre dans le trou situé en face. C'est là l'appareil dans toute sa simplicité; mais, pour le rendre plus commode et éviter que la grande chaleur qui s'y produit n'en gêne le maniement, on a préféré les dispositions adoptées au dessin, fig. 4, 5, 6.

Dans ce mode d'éclairage, on peut, comme dans le précédent, employer des cheminées de dimensions fort diverses. Cependant, la blancheur et l'éclat de la lumière gagnent généralement beaucoup à ce que le diamètre intérieur n'en dépasse celui de l'ouverture du disque supérieur que de la petite quantité nécessaire pour rendre la casse moins fréquente, c'est-à-dire d'environ deux millimètres. Nous en avons employé avec succès qui avaient depuis cinq jusqu'à une douzaine de centimètres de hauteur; mais la flamme est d'autant moins élevée que celle ci l'est davantage; aussi, croyons-nous préférable de ne guère dépasser une huitaine de centimètres. Dans ces conditions, cette flamme atteint rarement plus de quatre centimètres au-dessus du disque supérieur; mais aussi la beauté et l'immobilité n'en laissent rien à désirer. Si l'on tenait à ce qu'elle en eût 5, 6, et même 7, il faudrait généralement recourir à un chapeau extenseur ; mais ces deux qualités y perdraient beaucoup.

La course du porte-cheminée est beaucoup plus faible dans ce mode que dans l'autre, vu que le sommet de la mèche y doit toujours être plus bas de quelques millimètres que le disque ; mais ici il n'en résulte aucun inconvénient.

Quand on veut remplacer l'éclairage éblouissant par celui ordinaire, il faut abaisser ce porte-verre de telle façon que la mèche dépasse suffisamment le dessus du disque. Ce changement demande généralement quelques précautions, tandis que celui inverse n'en réclame à peu près aucune.

Si l'on avait besoin de produire des effets de scintillation, on reconnaîtrait promptement la manière d'y parvenir.

§ 16. — Pour obtenir dans l'éclairage ordinaire l'extension du volume de la flamme, voici le *procédé* qui, avec la lampe prise pour exemple, nous a le mieux réussi : autour de la partie du porte-globe où sont les ouvertures destinées à l'introduction de l'air, on place ou un anneau mobile de haut en bas, à l'aide duquel on puisse intercepter, à tel degré qu'on veuille, cette introduction, ou bien un anneau non mobile en hauteur, mais en tournant, et qui soit percé d'ouvertures telles qu'en le faisant mouvoir on puisse produire à volonté un effet semblable. On pourrait, dans le même but, se servir d'un chapeau extenseur; mais autant il nous paraît préférable dans le mode éblouissant, autant en général il nous semble inférieur dans celui-ci. Pas besoin n'est de dire qu'indépendamment de l'anneau il est bon d'employer un chapeau protecteur.

§ 17. — L'espèce de dégorgeoir dont il a été question au 5° de l'article 1er, est celle que l'on a décrite et figurée plus haut.

§ 18. — L'application qui vient d'être faite à la lampe-Franchot des *principes* et des *procédés* exposés plus haut (12), en a évidemment si bien fait comprendre le jeu, la mise en action, en ce qui concerne les appareils à double courant d'air, quel que soit le combustible que l'on y emploie, que l'on peut se dispenser de s'y arrêter plus longtemps. Passons donc aux appareils à simple courant.

Ces appareils sont presque tous sans cheminée, c'est-à-dire que la flamme y est à peu près abandonnée au hasard et à toutes les chances d'agitation de l'air dans lequel ils fonctionnent; en sorte qu'ils fument très-souvent, la plupart même constamment. Comment pourraient-ils ne pas être grandement défectueux?

Pour y produire les améliorations dont on a donné plus haut l'idée, recourons au principe fondamental : diriger, doser, tamiser, etc...., et ne laissons, s'il se peut, au hasard que des bribes.

L'expérimentation nous a appris que, dans la classe d'appareils dont il s'agit, le mode de prise d'air généralement le plus convenable est, contrairement à ce qui a lieu dans la classe précédente, de haut en bas. Mais, dans ceux des appareils connus où il est usité, il communique à la flamme une agitation qui ne permettrait pas d'y recourir souvent, s'il n'y avait moyen de la rendre nulle ou presque nulle. Ce moyen a été indiqué aux principes. C'est surtout le chapeau protecteur qui convient le plus souvent.

Cette expérimentation nous a également enseigné que, dans quelques cas, et notamment dans celui de l'appareil dont il va être question, la prise d'air peut avoir lieu avec avantage par en bas ou de côté.

§ 19. — Cet appareil, très-répandu dans le commerce, est celui connu sous le nom de lanterne turque, lampe coureuse, lampe Hadrot. Ses défauts sont : 1° de donner une flamme toujours agitée, même dans l'air le plus calme; 2° d'avoir, par suite du poids de sa cheminée, son centre de gravité beaucoup trop haut, ce qui force à élever, beaucoup trop aussi, l'axe de sa fourchette ; 3° d'établir un courant d'air trop rapide, et d'employer ainsi sans nécessité une quantité d'air que serait loin d'exiger la faible proportion d'huile qu'il consomme ; 4° enfin, d'être trop massif.

Veut-on ne remédier qu'à l'agitation de la flamme ? il suffit de mettre à sa cheminée un chapeau du genre de ceux indiqués à l'article des principes. Veut-on ajouter encore à ce moyen ? on fixe une toile métallique, en dessous pour plus de propreté, à la partie annulaire où sont les prises d'air ; ou mieux encore, en fabricant cette partie, on la crible d'ouvertures sensiblement plus petites que celles actuelles. Veut-on de plus remédier aux autres défauts ? voici ce que l'on fait : sur le bord intérieur de cette même partie, on soude un disque horizontal ayant à son milieu une ouverture d'une trentaine de millimètres de diamètre, et, en dessus du bord extérieur de ce disque, trois ou quatre petites portions de galerie formant ressort, entre lesquelles on place une cheminée de quatre à cinq centimètres seulement de hauteur, sur environ autant de diamètre, et que l'on munit d'un chapeau. Par suite de ces dispositions, le centre de gravité du système se trouve situé assez bas pour que la fourchette puisse être adaptée au réservoir même, sans qu'il soit nécessaire, ce qui cependant serait encore préférable, d'y appliquer en dessous une rondelle pesante, en fonte par exemple ou en plomb.

Si l'on tenait à prendre l'air par en haut, on devine sans peine comment il faudrait procéder. Mais, nous le répétons, après avoir fait usage des deux méthodes, nous donnons la préférence à celle qui vient d'être exposée.

§ 29. — Dans presque toutes les lampes à simple courant d'air, lampes du peuple, qui n'ont pas de cheminée et qui répandent constamment une fumée nauséabonde, c'est l'autre, au contraire, que nous conseillons généralement. Le perfectionnement capital à apporter à ces appareils, c'est l'addition de ce petit meuble muni d'un chapeau. Mais presque toutes sont exposées, quand on les porte d'un point à un autre, à être plus ou moins penchées, de façon que, si on le choisissait étroit, la flamme le ferait souvent éclater. Un verre ayant environ la largeur du précédent, n'a pas cet inconvénient. Sans doute il arrivera souvent que le chapeau pourra donner passage à beaucoup plus d'air que n'en requérait la consommation du combustible; mais, en cette circonstance, les choses n'en souffrent pas. Rappelons, toutefois, ce que nous avons dit au 8° des principes, c'est que le degré de finesse des mailles de ce chapeau peut permettre de diminuer beaucoup cette consommation.

§ 21. — L'application des moyens qui viennent d'être indiqués ne saurait sans doute faire défaut à ceux des appareils à gaz qui, comme les becs en éventail, ont une combustion sans cheminée, soumise à toutes les agitations de l'air. Ici seulement, en raison de la grande longueur horizontale de la flamme et de son peu de largeur, il serait probablement convenable de remplacer les verres de forme cylindrique par d'autres de forme aplatie, se moulant plus ou moins sur la forme de cette flamme On pourrait au besoin, dans bien des cas, se servir de simples verres à vitre, logés dans des arêtes horizontales et verticales.

§ 22. — Les classes riches et aisées n'ont, que nous sachions, pour veilleuses, que ces petits mortiers de cire enveloppés de papier verdâtre qui, à peine allumés, offrent une couche épaisse de liquide, sont exposés à toutes les agitations de l'air, peu transportables, et, selon nous, un des appareils d'éclairage les plus défectueux.

Pour en obtenir qui possèdent les avantages signalés plus haut, recourons à nos principes.

C'est surtout ici que l'usage d'une cheminée et l'emploi de l'air par en haut sont de rigueur.

Prenons une bougie stéarique ordinaire, mais dont les diamètres supérieurs et inférieurs, au lieu de différer comme de coutume d'un millimètre, ne diffèrent, comme certaines bougies peu élevées destinées aux hôtels, que d'environ un tiers de millimètre, et même si, comme nous le croyons, cela est possible, de moins encore. On pourra y faire glisser un cylindre d'environ deux centimètres de hauteur, qui n'en soit éloigné au plus que d'environ un cinquième de millimètre et n'y ballotte pas. Or, l'expérimentation nous a appris que, dans les conditions suivantes, cet intervalle suffit pour que le peu d'air qui peut y passer ne trouble pas l'action de celui qui vient par en haut.

Un flacon comme on en trouve dans toutes les pharmacies, ainsi que chez presque tous les marchands de verreries, et dont on a fait enlever le fond, fig. 7, est placé renversé dans une galerie soudée à ce cylindre, et fait fonction de cheminée. Le tout est retenu sur la bougie par deux petits crochets, à la rigueur un seul peut suffire, dont le pied seul la touche. Pour éviter que l'ombre portée par leur côté intérieur gêne le ramollissement de la matière, on les amincit dans le sens vertical, ou bien l'on prend pour les faire un fil de fer d'un demi-millimètre seulement de diamètre, dont on recourbe et aplatit l'extrémité sur environ un à deux millimètres de longueur. Cette base, que l'on pourrait d'ailleurs faire aisément plus large, nous a toujours suffi. Il y a généralement avantage à ne faire frôler la bougie par l'appareil que par en haut et par en bas ; ce qui est facile au moyen de deux petites bagues en fil de fer que l'on soude horizontalement et intérieurement au cylindre, l'un à son sommet, l'autre à son pied. Parlons maintenant du chapeau.

Son placement ferait presque toujours éteindre la bougie, si l'on n'y portait remède, en le rendant, comme l'indique le dessin, mobile sur une charnière horizontale un peu dure, à l'aide de laquelle, après l'allumage, on le fait tourner et fermer ainsi peu à peu le flacon qui, au fur et à mesure que la combustion a lieu, descend. La figure n° 7, qui représente une coupe de ce petit ustensile, achèvera de faire comprendre cette description.

Si l'on tenait à ce qu'il pût servir avec les bougies stéariques ordinaires, il faudrait, comme cela nous est arrivé, ou donner de l'élasticité à la partie intérieure du cylindre, ou n'employer environ qu'un tiers de la hauteur de chaque bougie; car, nous le repétons, il importe que ces deux corps se touchent presque. Mais il paraît si évident que, dans un genre de fabrication où l'on s'applique à satisfaire à tous les goûts, à tous les besoins, comme l'atteste la multitude de bougies diverses qu'il met dans le commerce, il sera si aisé d'en couler qui aient, ou à fort peu de chose près, le même diamètre en haut qu'en bas, que nous croyons superflu de décrire cette modification. Au pis aller, on pourrait ne se servir que de celles d'hôtel dont nous avons parlé.

Avec les dimensions du flacon représenté sur le dessin, nous avons adopté une toile dont les mailles avaient près d'un millimètre de côté, et les fils environ un tiers de millimètre de diamètre. Des fils beaucoup plus fins et des mailles un tant soit peu plus étroites seraient bien préférables; ils permettraient d'ailleurs d'employer des flacons notablement plus petits.

Quant à la forme de ces flacons, rien de plus aisé que de la diversifier, et ainsi, par exemple, de remplacer, comme nous l'avons fait, celui que nous avons indiqué par un de ces tout petits globes de cristal dont on fait usage avec les lampes du plus faible échantillon.

Pour obtenir une flamme dont la clarté ne soit pas considérablement diminuée par la mèche, il serait essentiel que celle-ci eût un diamètre beaucoup moindre. Nous en avons établi de cette sorte qui, même avec des bougies de près de trois centimètres de diamètre, nous ont donné d'excellents résultats. Il est vrai qu'à l'air libre, c'est-à dire comme on emploie actuellement les bougies, elles ne pouvaient servir, tant elles coulaient.

Il ne sera pas sans utilité d'exposer une variante du *procédé* qui vient d'être décrit, variante dans laquelle il n'est besoin ni de la presque égalité de diamètre en haut et en bas, ni de la mobilité de l'appareil; la voici :

Elle consiste à n'employer que des morceaux de bougies de 6 à 7 centimètres de hauteur, et, mieux encore, des mortiers stéariques dans le genre des veilleuses de cire dont il a été parlé plus haut, à les fixer sur une espèce de bougeoir, à les couvrir d'une cheminée plus ou moins haute et large, qui en soit suffisamment éloignée pour que son rayonnement y augmente peu la chaleur, enfin à surmonter cette cheminée d'un chapeau semblable à celui dernièrement décrit. La figure n° 8 en présente une coupe.

Cette variante a un côté défectueux, c'est que la hauteur du tirage n'étant pas, comme plus haut, toujours la même, mais augmentant au fur et à mesure que la bougie s'use, la quantité d'air qui arrive à la mèche s'accroît proportionnellement, et donne lieu à une consommation, à une chaleur et à une clarté plus grandes. Or, le second de ces effets est toujours plus ou moins désavantageux. La meilleure manière de rendre cette irrégularité peu nuisible, sans compliquer l'appareil, consiste à faire que la hauteur de la cheminée soit au moins trois fois celle de la bougie, ce que facilite singulièrement la grosseur de celle-ci. Nous en avons employé avec succès qui avaient près de trois centimètres de diamètre, sur environ quatre de hauteur, et à plusieurs desquelles nous avions remplacé, et avec avantage, la mèche par une autre moitié moins grosse.

Nous avons même essayé des morceaux de cierge de 4 à 5 centimètres de diamètre, et nous avons réussi; mais ils avaient le grave défaut d'exiger des cheminées par trop volumineuses.

Dans ce mode d'éclairage par les bougies, le degré de finesse des fils des toiles, celui de la largeur de leurs mailles, qui doivent être d'autant plus petites que les chapeaux sont plus grands et laissent arriver plus d'air, les dimensions des autres parties de l'appareil, qui y doivent être plus ou moins corrélatives, peuvent donner lieu à une assez grande diversité de combinaisons.

Pour éviter qu'à la fin de la combustion, la mèche, en tombant, puisse faire fêler la cheminée, on choisira, parmi les divers moyens qui s'offrent facilement à l'esprit, celui que l'on croira préférable.

Nous avons dit plus haut que l'éclairage ordinaire par les bougies pouvait s'approprier les *principes et les procédés* que nous avons appliqués aux veilleuses; voici comment : l'expérience nous a enseigné que, tant que la clarté produite ne répond pas à une consommation de plus de cinq grammes par heure (c'est environ la moitié de celle qui a lieu en plein air), la chaleur développée n'est pas assez forte pour que la combustion, à l'état pâteux et non liquide, cesse de se maintenir, sans exiger des cheminées trop volumineuses, surtout si celles-ci sont en verre assez mince pour être constamment refroidies par l'air ambiant. Deux flammes, ayant chacune sa cheminée, feraient donc à peu près l'effet d'une seule. Les lanternes, d'ailleurs, pourraient se contenter d'une. Or, les avantages de n'avoir à craindre ni le coulage, ni les agitations de l'air, ni les petits papillons et les insectes, seraient, dans bien des circonstances, préférables à un peu plus de clarté.

Dans l'emploi du premier des deux procédés qui viennent d'être décrits, il sera généralement important, d'abord de laisser brûler à l'air libre au moins la moitié ou les deux tiers du petit cône qui surmonte chaque bougie, ensuite de ne pas laisser la mèche trop longue.

§ 23. — Passons à la veilleuse du pauvre et voyons à lui procurer les avantages que nous avons indiqués.

Soit un de ces verres à boire à peu près cylindriques, qui ont *intérieurement* de diamètre environ six centimètres et demi, et de hauteur sept centimètres. Soit également un disque en fer-blanc pouvant y entrer à l'aise, et qui ait au milieu un tout petit tube creux vertical d'une sixaine de millimètres de hauteur, destiné à recevoir une mèche cirée (la stéarine peut servir à cet objet comme la cire, et souvent même est préférable, en ce qu'elle rend les mèches plus fermes et moins ramollissables par l'huile) ; enfin, muni à sa circonférence d'une tige verticale aussi, d'à peu près six centimètres de hauteur, qui permette au besoin de le mouvoir sans que l'on soit obligé de se salir les doigts. Plaçons-y une mèche de trois à quatre centimètres de hauteur, par exemple ; versons de l'huile jusqu'à cinq millimètres ou à peu près au-dessous du sommet de cette mèche ; allumons-là, et, aussitôt après, mettons sur le verre un chapeau qui ne laisse arriver à la flamme que la dose d'air nécessaire à la quantité d'huile que l'on veut consommer. Nous aurons une veilleuse réunissant tous les avantages promis.

On peut se passer de la pièce métallique et coller au fond du verre le petit tube destiné à recevoir la mèche, tube qui peut être en verre comme en d'autres matières. On aura alors un appareil plus élégant, mais moins commode. Si l'on veut ajouter encore à cette élégance, on se servira d'un verre à pied ou d'une large éprouvette. Mais il est essentiel que le diamètre n'en soit pas trop large, ni trop étroit, d'environ quatre à six centimètres, ou mieux de cinq à six et demi. Plus on veut économiser l'huile et plus, toutes choses égales d'ailleurs, il faut choisir des mèches minces et des chapeaux à mailles petites. Les toiles dont nous nous servons pour ceux-ci ont en général les leurs comprises entre un quart de millimètre et un millimètre de côté. Quant aux mèches, nous en avons employé de tressées, dans le genre de celles des bougies stéariques, mais beaucoup plus minces, et elles nous ont constamment semblé préférables. Disons en passant que l'éclairage est d'autant mieux, que leur degré de grosseur est mieux choisi par rapport au diamètre des verres.

Quand on voudra se servir des porte-mèches ordinaires en liège et fer-blanc ou en porcelaine, il sera bon de faire que leur axe vertical s'éloigne peu de celui du verre. On y parviendra aisément avec trois ou quatre épingles ou aiguilles, placées horizontalement à leur pourtour.

§ 24. — La fabrication de notre coupe-mèche repose sur les faits suivants :

Il est, on le sait, plus ou moins difficile d'allumer une mèche neuve. Aussi, dès que cela a été fait une fois, a-t-on l'attention, en coupant la partie charbonnée, d'en laisser un anneau d'environ deux millimètres de hauteur, qui suffit pour rendre très-aisé l'allumage suivant. Or, l'expérimentation nous a appris que l'on peut opérer facilement la section de cette partie avec une simple lame d'acier bien coupante, pourvu que l'on donne à l'anneau un appui convenable et que le tranchant ne soit pas exposé à porter sur rien qui puisse l'ébrécher. De cette seule observation découlent divers procédés de coupe-mèches, en tête desquels nous plaçons le suivant, fig. 9, 10, 11 et 12.

Soit *a*, *b*, *c*, *d*, une petite plaque de fer-blanc d'environ quatre centimètres de longueur sur trois de largeur. On y enlève au milieu un disque ou cercle d'un diamètre un peu plus grand que celui de la mèche ; puis, à chacune de ses extrémités on place une lame d'acier mobile, *e*, *f*, *g*, *h*, d'environ dix-sept millimètres de long sur quinze de large, arrondie du côté coupant, *e*, *h*, et pouvant glisser, avec un léger frottement, entre deux coulisses. A chacune de ces lames est soudé un petit ressort de montre un peu fermé, *i*, *k*, en arc de cercle. Quand, avec l'index et le pouce d'une main, on presse les deux couteaux, quatre petits pieds, fixés au-dessous des angles de la plaque, forcent les ressorts à s'ouvrir en se redressant, et contraignent les lampes à faire leur office ; puis, la pression cessant, elles reviennent à leur place. Maintenant il s'agit de faire tenir convenablement le tout sur le bec. Soit *l*, *m*, un petit godet de fer-blanc, muni de deux anses *n* et *o*, que l'on soude au milieu de chacun des côtés longitudinaux de la plaque. Ce godet devant servir de support à la portion de mèche à enlever, il importe que son diamètre soit un peu moindre que celui intérieur de cette mèche. Il faut de plus que son fond soit moins élevé de quelque peu que le dessus des lames, afin qu'une petite portion de celles-ci puisse passer en dessous sans le rencontrer. Enfin, pour que l'ustensile tout entier puisse tourner, bien horizontalement et sans perdre son axe, autour du bec, il est essentiel de souder au fond du godet et à son bord deux petites portions de cylindre vertical *p*, *q*, se moulant bien sur le bec intérieur, et ayant à leur sommet une saillie horizontale aussi fine que possible, mais suffisante pour empêcher le tout de descendre plus bas que le haut du bec.

On ne doit commencer à faire monter la mèche que lorsque l'appareil est en place ; puis, quand elle est au point que l'on juge convenable, ne plus la bouger. Trois, ou au plus quatre coups des couteaux détachent la partie à enlever.

On peut, et quand cela nous arrive à nous-même, c'est ce que nous faisons, il est vrai bien malgré nous, faire la section d'une seule main, fût-ce la gauche. Pour cela on appuie l'index sur le godet, puis on presse les lames avec le pouce et le médium.

§ 25. — Finissons par l'exposé d'un principe général qui ne souffre pas d'exception : plus l'éclairage se perfectionne, et plus chaque espèce d'appareil, même la moins satisfaisante, gagne à être exécutée avec l'intelligence de son rôle, de ses conditions d'existence, et en prenant pour guide des connaissances théoriques de plus en plus exactes et saines. Les qualités des modes d'éclairage qui viennent d'être décrits : beauté de forme de la flamme, éclat, immobilité, moindre perte de lumière envoyée au plafond, sont d'autant mieux obtenues que l'on y a mieux égard. De simples nuances même ne doivent pas être négligées ; mais c'est surtout à la parfaite symétrie autour de l'axe vertical du système, à la perpendicularité sur cet axe de certaines pièces, qu'il faut particulièrement s'attacher, puis à la beauté, à la régularité, à l'épaisseur convenable des cheminées. Sans tout cela, nos procédés réussiront, mais moins bien.

Nous avions dû, jusqu'à ces derniers jours, nous abstenir de vérifier expérimentalement si, comme nous en avons plusieurs fois exprimé la croyance dans cet écrit, nos principes et nos procédés étaient applicables au gaz ; par la raison que, tant que la prise de nos brevets en France et à l'Étranger n'était pas assurée, il fallait éviter tout acte qui en pût révéler à des tiers jusqu'à la moindre notion. Mais, au moment où s'achève l'impression de cette brochure, la disparition de cet obstacle nous a permis de le faire ; et il nous a suffi de quelques expériences, même exécutées avec beaucoup de réserve, pour acquérir la preuve que, déjà pour les principaux appareils, et prochainement sans doute pour tous les autres sans exception, cette application ne présente que les difficultés presque insignifiantes que l'on rencontre toujours dans les arts et dans l'industrie, quand on passe d'un ordre de conceptions à celui qui le suit, quand on passe d'une nuance à une autre; tant il est vrai, comme nous l'avons dit en débutant, que, dès que sur un sujet on est arrivé à des principes certains, on peut, dans les essais auxquels on s'y livre, agir presque à coup sûr.

Nous nous croyons donc en droit d'affirmer que, depuis le dernier échelon de l'échelle sociale jusqu'au premier, et à la campagne comme à la ville, il n'y a, ou peu s'en faut, pas une famille, pas une personne qui ne puisse, à des degrés divers, retirer de l'emploi de nos moyens un avantage journalier.

FIN.

BIBLIOTHÈQUE IMPÉRIALE
IMPR.

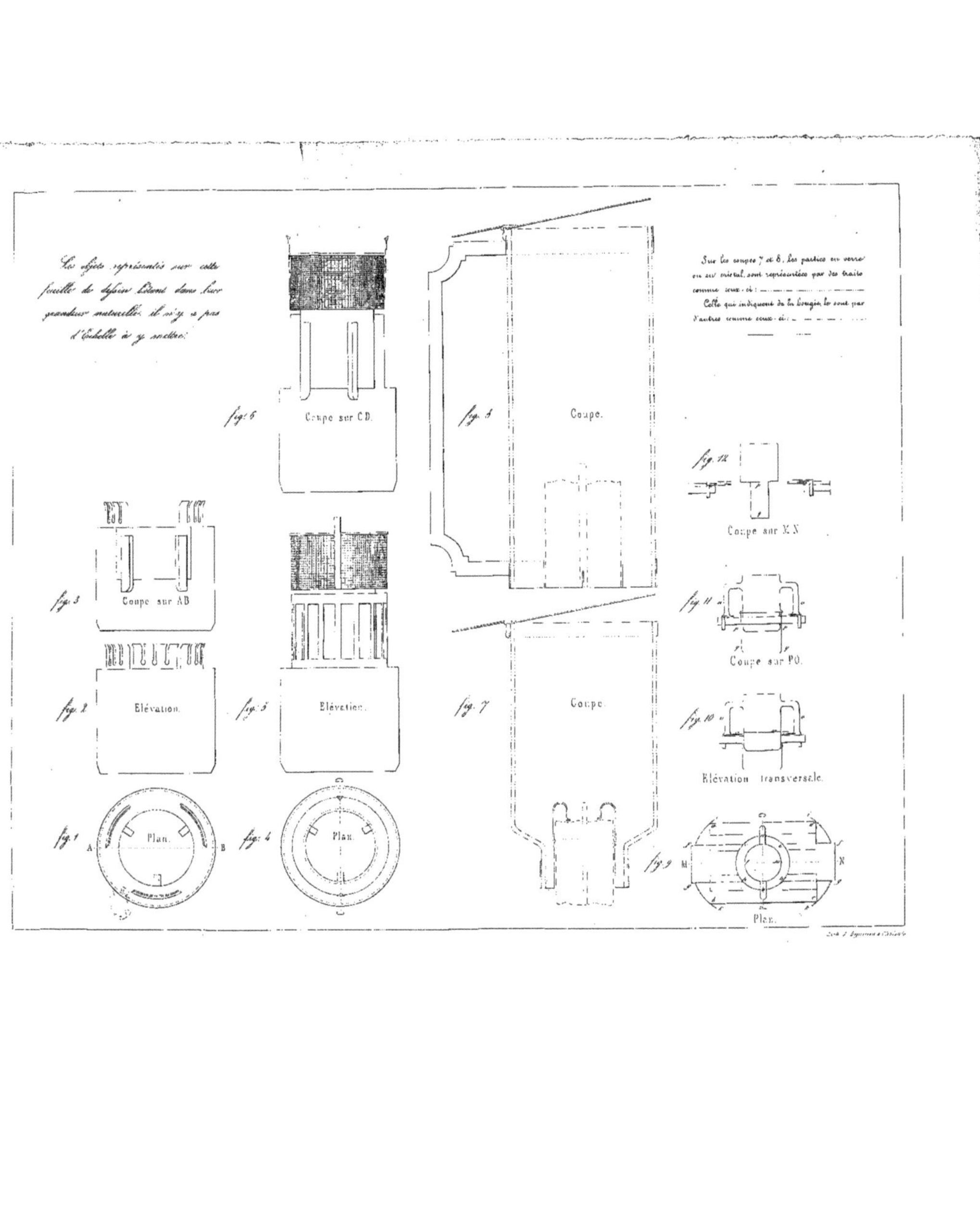

Les objets représentés sur cette feuille de dessin étant dans leur grandeur naturelle, il n'y a pas d'Échelle à y mettre.
Sur les coupes 7 et 8, les parties en verre ou en métal, sont représentées par des traits comme ceux-ci:
Celles qui indiquent de la bougie, le sont par d'autres comme ceux-ci:
fig. 6
Coupe sur C.D.
fig. 8
Coupe.
fig. 12
Coupe sur M.N
fig. 3
Coupe sur AB
fig. 11
Coupe sur P.O.
fig. 2
Élévation.
fig. 5
Élévation.
fig. 7
Coupe.
fig. 10
Élévation transversale.
fig. 1
Plan.
A
B
fig. 4
Plan.
fig. 9
M
N
Plan.

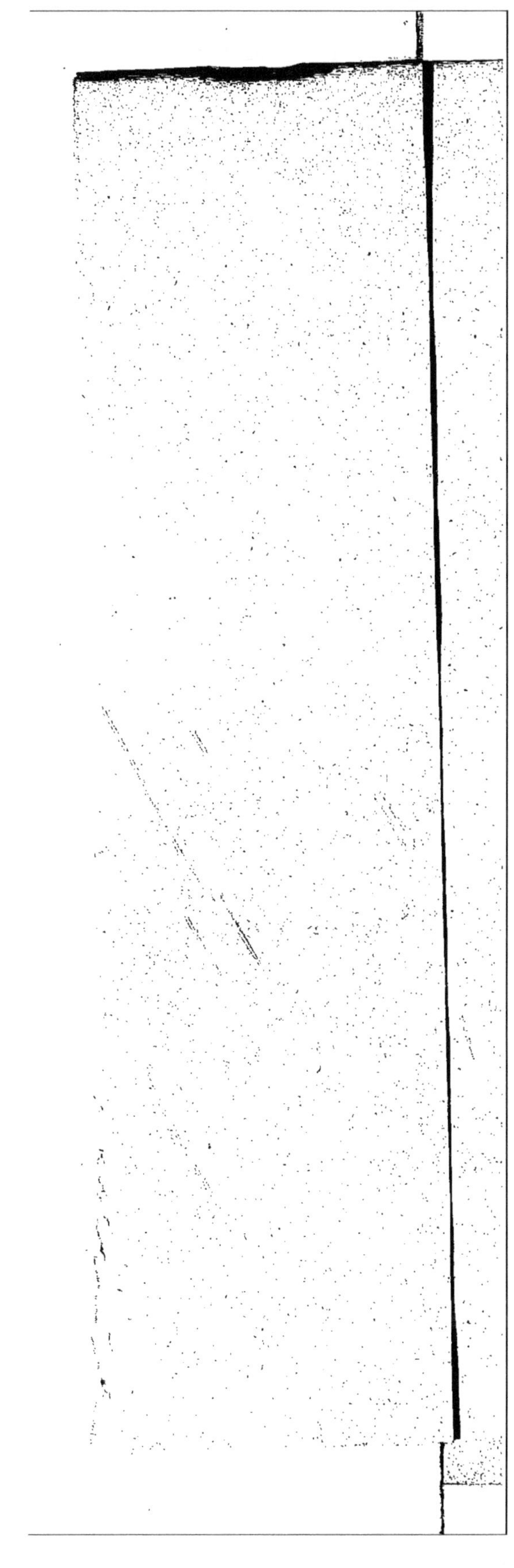

OUVRAGES DE L'AUTEUR.

1° Notice sur la manière la plus économique de construire, de réparer et d'entretenir les grandes routes et les chemins vicinaux;
2° Suite à la Notice sur les grandes routes et les chemins vicinaux;
3° Théorie et Pratique des mortiers et des ciments romains;
4° Mémoire sur la nécessité d'une liberté illimitée dans les charges du roulage, et sur les moyens pratiques de maintenir les routes en parfait état avec cette liberté, sans accroître la dépense;
5° De l'Art d'entretenir les routes, ou comparaison de trois systèmes d'entretien,

Savoir :

1° Celui de Mac-Adam,
2° Celui généralement usité en France,
3° Celui de M. Berthault-Ducreux;

6° Des Mesures qui peuvent le mieux assurer le rétablissement des grandes routes et des chemins vicinaux, tout en aidant l'industrie des transports, au lieu de lui créer des entraves;
7° De l'entretien des routes et du roulage;
8° Éléments de l'art d'entretenir les routes;
9° Comparaison des routes, des voies maritime et fluviale, des canaux et des chemins de fer;
10° Essai d'un Traité sur l'Entretien des routes en empierrement;
11° Notions sur le Service d'expériences sur l'Entretien des Routes, etc., etc. (Août 1841);
12° Une Visite à un Empierrement très-fréquenté, etc., etc. (Nov. 1841);
13° Exposé et application des faits, attributs et principes, tant principaux que particuliers, les plus importants à prendre pour guides dans les questions relatives à l'entretien des routes et à la police du roulage;
14° Une Visite à quelques routes en Empierrement, etc., etc. (Avril 1842);
15° Note sur le Roulage et les Routes d'Angleterre et de France (Mai 1843);
16° 2me Note sur le Roulage et les Routes d'Angleterre et de France (Août 1843);
17° 3me Note sur le Roulage et les Routes d'Angleterre et de France (Mars 1844);
18° Manuel du Cantonnier de chemins vicinaux;
19° Historique, situation, et raisons d'être du service d'expériences sur l'entretien des routes;
20° Notions sur les principales questions que soulève en ce moment l'entretien des routes, et sur les meilleurs moyens de hâter les progrès de cet art (Janvier 1848).

Imprimerie de J. Dejussieu, à Chalon-sur-Saône.